ロボット――それは人類の敵か、味方か

日本復活のカギを握る、
ロボティクスのすべて

日本ロボット学会理事
和歌山大学システム工学部教授
中嶋秀朗
Shuro Nakajima

ダイヤモンド社

はじめに

ロボットとは何か？

人工知能（ＡＩ、Artificial Intelligence）という言葉は、この数年、急速に知られるようになり、私たちにとって身近な存在となりました。メディアを賑わせることも多く、２０１７年には、Ｇｏｏｇｌｅ ＤｅｅｐＭｉｎｄ社の「アルファ碁」が、世界最強の柯潔《かけつ》棋士に３連勝で勝利しました。日本においても、第２期電王戦で、将棋ソフト「ポナンザ」が名人を破ったことが話題となりました。

このようなニュースに、「人間はもう、太刀打ちできないのではないか？」という漠然とした不安をもった方も多いようです。

そして、その影響でしょうか、**「ロボットに仕事が取られる」というような話題も紙面を賑わすことが増えています。**ロボットといえばヒューマノイド型（ヒト型）のロボットを想像されると思いますが、それだけがロボットではありません。

さらに近年ではＡＩとロボットが混在し、同じ文脈で語られることも多いのですが、ロボットというのはハードウェアとソフトウェアが統合した機械です。

ロボットは、体にあたる「ハードウェア」の部分と、脳にあたる「ソフトウェア」の部分に大きく分かれ、全体をロボティクス（ロボット工学）という学問分野で扱っています。このソフトウェアの部分がＡＩです。この脳の部分が急速に進化したため、ロボティクス全体もひっぱられて進化のスピードを上げている、というのが現状です。

さらにロボットには、実は長い間正式な定義はありませんでした。つい最近、２０１６年になって、ようやく工業規格においてロボットの定義「ＪＩＳ　Ｂ８４４５：２０１６」が制定されました。

それによるとロボットとは、

「2軸以上がプログラム可能で、一定の自律性をもち、環境内を移動して所期のタスクを実行する作動メカニズム」

となります。

この定義は実際かなり「ゆるい」ため、多くの自律性をもった機械をロボットと呼ぶことができます。みなさんがイメージするであろうヒューマノイド型のロボット「Ｐｅｐｐｅｒ」はもちろん、掃除ロボットである「ルンバ」や、手軽な空中撮影を可能にした「ドローン」などもすべてロボットと定義できます。ちなみに、本書で取り上げるロボットもすべて、この定義を満たしています。

ロボットとの融合〜人間がサイボーグ化する未来

私は、大学院でロボットに関して学び、現在も大学で、移動ロボットやパーソナルモビリティ（ＰＭＶ：Personal Mobility Vehicle）などのロボティクス技術を応用した機械の研究開発に携わっています。

パーソナルモビリティというのは一人乗りのコンパクトな移動支援機器のこと。セグウェイのような健常者が乗るものもありますし、歩行困難な人たちが手軽に使えるような乗り物もあります。

２００５年の愛知万博は、別名ロボット博と言われるほど多くのロボットが出展されました。私も「チャリべえ」という移動のための実演ロボットを中心になって開発し、出展しました。

そして2016年には、開発した不整地移動能力の高い一人乗り車両（車椅子）で、サイバスロンという国際競技会に出場、「パワード車椅子」部門で4位入賞を果たしました。

サイバスロンというのは、パラリンピックとは違い、技術を用いて障害を克服し、その技術を身に着けたうえで競い合う競技です。日常生活で実際にバリアになっている場面がタスクとして設定されており、例えば義手部門では「洗濯物を義手を使って干す」こともタスクの一つです。「人と機械の融合」、つまりサイボーグ化がテーマで、ロボット開発をベースに世界中が挑戦しています。

私は、北京パラリンピック車椅子レースの金メダリストの伊藤智也氏とチームを組み、パワード車椅子部門のレースに参加したので

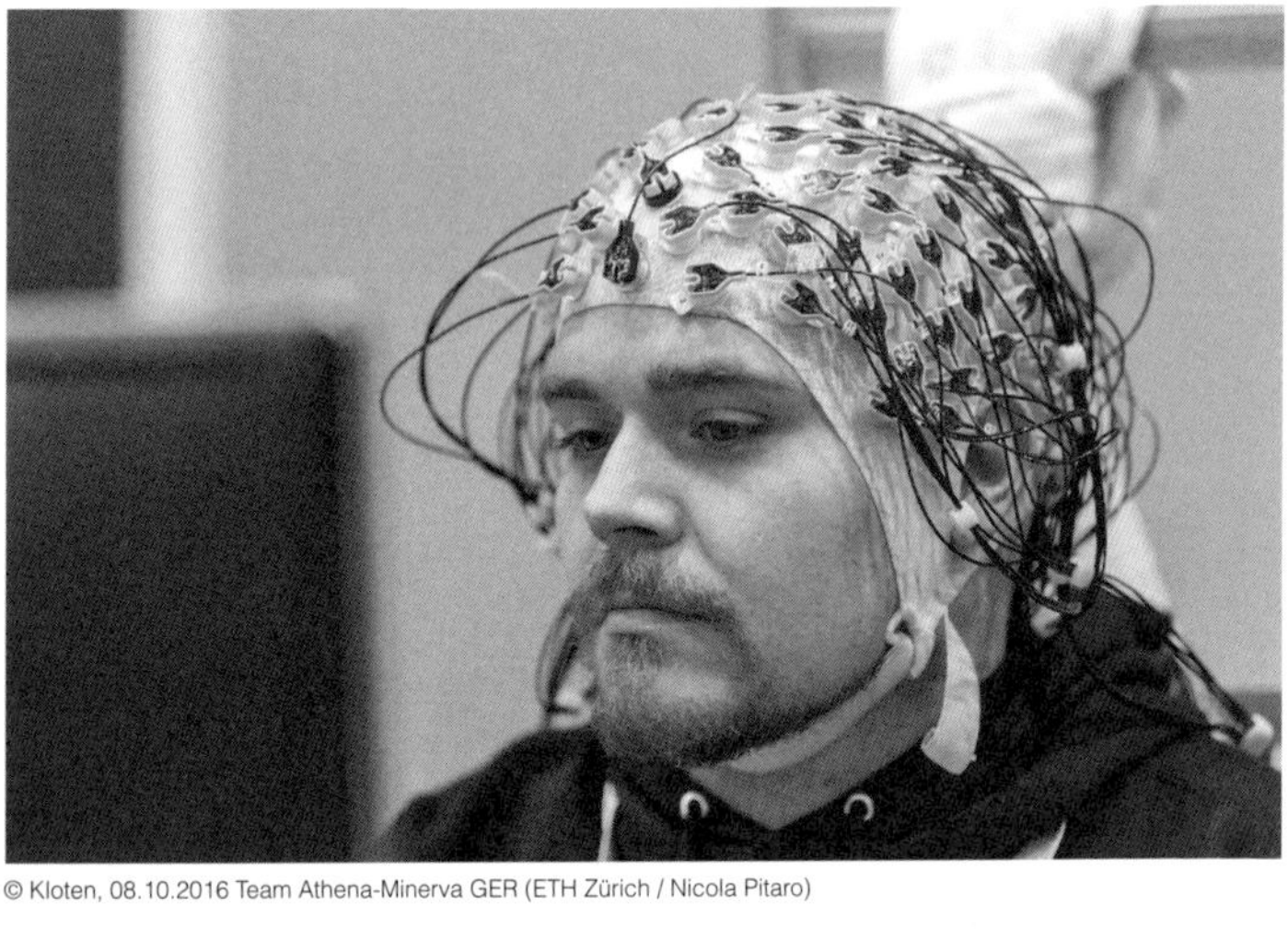

© Kloten, 08.10.2016 Team Athena-Minerva GER (ETH Zürich / Nicola Pitaro)

すが、他にも「パワード義足」「エクソスケルトン（外骨格）」など計6種目の競技が行われました。

中には、「走れ」「止まれ」と考えるだけで、脳波でゲームのキャラクター（アバター）を動かす「ブレイン・コンピューター・インターフェース（ＢＣＩ：Brain Computer Interface）」という部門もあります（右ページ写真）。

手足が不自由でもスムーズな生活ができる、そんな未来がすぐそこまでやってきている、そんなことを実感できる大会です。

人と機械の融合、つまりサイボーグ化と聞くと、ともするとものものしく響くものですが、超高齢社会を迎える日本においては、特に最後まで自立した生活を送るためにロボットの力を借りる人が多くなるのは間違いありません。

ロボットは敵か、味方か

このように、人間の生活が便利になるためにロボット作りをしている私にとって、ロボットとは「人の生活の質を上げてくれるお気に入りの道具や仲間」といえます。

もちろんその過程はまだ道半ばですが、実は今が、ロボットが便利な道具や仲間として身近になるかもしれないチャンスなのです。

そして、**今までの歴史的なロボット開発の変遷とロボットができる能力を併せて考えてみると、どうしてもロボットが「仕事などを取って代わる人間の敵」になるとは思えないのです。**

また、この本を執筆している最中（２０１７年６月）に、大きなニュースが飛び込んできました。

ソフトバンクがボストン・ダイナミクス社とシャフト社（ＳＣＨＡＦＴ）をＧｏｏｇｌｅから買収した、という発表です。

ボストン・ダイナミクス社というのは、タフなハードウェアで有名なアメリカの企業で、強く蹴っても倒れない４足歩行のビッグドッグ（ＢｉｇＤｏｇ）、どんな路面もバランスを保って歩く二足歩行のアトラス（Ａｔｌａｓ）など、確実に動くハードウェア（躯体）を発表している企業です。

そしてシャフト社は、東京大学発、つまり日本のベンチャー企業ですが、２０１３年にＧｏｏｇｌｅに買収されました。そして、今回、ソフトバンクが日本に買い戻したという形になります。シャフトの二足歩行のロボットも、タフで安定しているのが特徴です。

「Ｐｅｐｐｅｒ」というＡＩがメインのロボット、つまりソフトウェア重視のロボットを展開しているソフトバンクが、なぜハードウェアに強い2社を買収したのか。

タフなハードウェア（躯体）に、「Ｐｅｐｐｅｒ」で蓄積した頭脳（ＡＩ）をインストールして、次のヒューマノイドブームの幕開けとなるのか。いろいろな可能性が感じられる動きで、研究者として興味は尽きません。

さらに、一世を風靡したソニーのロボット犬である「ＡＩＢＯ」が、２０１８年1月に「ａｉｂｏ」として復活するというニュースもありました。ソニーが一度撤退したロボット事業に戻ってきたのです。

これだけではありません。多くの企業が注目し、参入しているロボットの世界は今、激動期にあるといえるでしょう。

実は日本のロボット技術は、世界のトップレベルです。つまりロボット大国といってもよい状況なのです。約50年前の日本の高度経済成長期の好景気は、人々の頑張りだけでなく産業用ロボットにも支えられた側面がありました。そして、それによって他の国では真似のできないロボットのさまざまなデータを蓄積しています。

今後、日本が世界をリードする産業、つまり日本復活のカギを握るのは、このロボティクスになりそうだ、私にはそう思えるのです。

世界トップレベルのロボット技術をどう活かすのか

ＡＩに関してはアメリカに大きく先を越された感があります。しかし、ＡＩは誰もが無料で利用できるオープン化が世界の趨勢となっているため、話題のディープラーニングでさえ、私たちはわりと簡単に自分のロボットに取り入れることができます。ですから、ＡＩでの遅れをそこまで悲観することはありません。

一方、日本の技術力は素晴らしく、ロボットのハードウェアやロボットに使われる各種部品（要素部品）の性能は、世界のトップを走っています。ハードウェアというのは、ＡＩのように簡単にコピーできる種類のものではありません。部品の組み合わせ方や使い方いかんによって、ロボットの性能は大きく左右されるからです。これはＡＩとは大きく違う部分です。この部分に強いのは、日本の強みです。

ロボットは、ハードウェアとソフトウェアが融合した機械ですから、ＡＩだけ先行しても、あるいはハードウェアだけ先行しても、理想的なものはできません。

ＡＩとロボット、それぞれが大きく進化した今、大切なのはそれらをどのよう使っていくかというアイディアであり、技術なのです。そのようなアイディアは、技術者側からだけではなく、生活者であるビジネスパーソンの間から生まれてくるものが多いのではないでしょうか。さらに、今、工業分野だけでなく、サービス、介護、エンターテインメントなど、いろいろな場面におけるロボットの参入には目覚ましいものがあります。

そのためにも、専門家ではなくても、基本的なロボットの歴史と仕組み、ＡＩとの関わりなどを知識として知っておくことは、アドバンテージとなるはずです。

本書では、ロボットの歴史を第１章から第４章で振り返った後、ロボットとＡＩとの関わりを第５章で詳しく説明します。第６章ではロボティクスの現状および未来を私なりに分析、予測しています。

この本によって、ロボティクスに興味を持つ人が少しでも増え、そして今後、みなさんの仕事や生活を助けるためにロボットを利用できるようになれば幸いです。

２０１７年12月

中嶋　秀朗

『ロボット――それは人類の敵か、味方か』――目次

第1章 始まりは産業用ロボット

第2章

1980年、ロボット普及元年
：第1次ロボットブーム（1980年代〜1990年代）……45

第3章

夢の二足歩行ロボット

：第2次ロボットブームとその終焉（2000年〜2010年初頭）……69

第4章

時代は「単機能ロボット」へ

：第3次ロボットブーム（2010年代〜）

第6章 なぜ日本は、ロボティクスで世界的に優位なのか？

文中の所属、職位などは当時のものを表記し、会社名や大学名などの多くは一般的な通称で記載しています。

第1章

始まりは産業用ロボット

：ロボティクスの夜明け

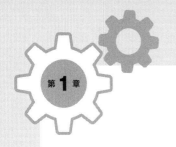

日本の産業を支えてきた「ロボット」

一般に「ロボット」というと、人間型のヒューマノイドを想像する人が多いのですが、ヒューマノイドはロボットの中にあるカテゴリーの一つでしかありません。一番古く、一番活躍しているのは、今も昔も「腕」だけのロボット。工場で働く「マニピュレーター」です。日本の自動車産業、エレクトロニクス産業を陰で支えてきたのは、こうした腕一本のロボットたちでした。腕だけだったロボットは、脚、胴体と体をパーツごとに進化させ、その後の単機能ロボットへとつながります。

ロボットが日本に定着する転機となったのは、1973年、79年と2度にわたったオイルショックでした。仕事の効率化を求められた自動車メーカーは、ロボットの導入に踏み切ることになります。

ロボットの歴史は「産業用ロボット」から始まる

広い自動車工場の中に、人の姿はほとんどありません。さまざまな形をした「機械の手」が、溶接、塗装、組み立て、運搬などの仕事を、もくもくとこなしています。50年前に比べ、工場内で働く人の数は大幅に減りました。日本の工場は「産業用ロボット」の力を借りて、自動化に向けて突き進んでいます。

ロボットの歴史は「産業用ロボット」と呼ばれる、工場で働くロボットから始まります。

1960年代の日本の工場では、まだまだ人がたくさん働いていました。現在の工場とは違って、きつい作業、危険な作業も人が中心で行っていました。火花が散るような鉄の溶接も、もちろん人の手で行われていました。

その頃すでに日本の工場は機械化されていましたが、多くの仕事は人が担当し、機械が行うことは「決まった一つの作業」。そのような意味において、機械は人が扱う単機能の「道具」であり、切断をする、プレスをする、などの単純作業を行っていたのです。

そこにある時、新しい機械が導入されました。

それはプログラムを入れ替えることで、複数の作業ができる機械でした。当時の人々にとっての機械とは、「装置機械＝決まった作業」という意識でしたから、この機械は驚きをもって迎えられました。そして機械に対する考え方を変えることにもなりました。単機能しか持たない道具であった機械が、プログラムを入れ替えることでその能力が増える（「多能工」の機械になる）ということは、それまでには考えられないことだったからです。

ただ、その当時の「多能」というのは、今から振り返るとそれほど複雑なことを指してはいません。決まった位置での溶接しかできなかった機械が、違う場所の溶接もできるようになったという程度の変化です。

しかし同じハードウエア（機械）であっても、ソフトウエア（プログラム）を変更することで「機能が拡張する」ということは、それまでの機械の概念を変えることにつながる大きな事件でした。

- 一台の機械で、複数の仕事ができる
- 一台の機械で、プログラムを入れ替えると別の仕事ができる

これ以降、このように**複数の仕事ができる「多能工の機械」に対して、「ロボット」という言**

葉が使われるようになっていきます。

最初のロボットは「腕だけ」

ちょうどこの頃、工場では自動化が進められていました。

例えば自動で機械加工しようとすると材料を工作機械へと運ぶ「機械の手」が必要になります。

このような自動化の要請に伴い使用されるようになった機械の手は、材料（material マテリアル）を取り扱う（handling ハンドリング）ことから、**「マテハン機器」と呼ばれています。**

そしてこれが、現在の産業用ロボットの中心となっている機械の手、「マニピュレーター」の原形です。

マニピュレーターとは、簡単に言えば腕だけのロボットです（図1-1）。

このロボットには「ティーチングプレイバック方式」という機能が備わっていました。これは現在でも脈々と続く産業用ロボットの特徴で、最初に人が「このように動きなさい」ということをティーチングペンダントという操作機器を使って教え込む（teaching）あるいはプログラムすることから、この名前がきています。

ティーチングが違えば、同じマニピュレーターが、違う仕事をしてくれます。同じマニピュレーターを使って、物をつかむ、運ぶ、配置するなど、さまざまな機能を持たせることができるのです。「教えることができる」というのはロボットの大きな特徴です。

この教えることができる、腕だけのロボット＝マニピュレーターを開発したのが、「ロボット工学の父」と呼ばれるアメリカの**エンゲルバーガー博士**[*1]です。

エンゲルバーガー博士は「ユニメーション社」を設立し、マニピュレーターを市場に送り出します。マニピュレーター「ユニメート」は、自動車会社であるゼネラル・モーターズ社（ＧＭ）において、プロトタイプ機での実績を経て、１９６１年に鋳造ラインの中で、部品を取り出すために使われ始めました。

＊1　エンゲルバーガー博士　1925-2015。発明家のデボルとともにユニメーション社を立ち上げて「プログラム可能な搬送機器」という特許を形にした「ユニメート1」（ロボット）を開発した。

初の国産産業用ロボットは、川崎重工

１９６７年、東京都中央区晴海の東京国際見本市会場において、アメリカのユニメーション社のマニピュレーターが展示されました。この時、**エンゲルバーガー博士が来日して、産**

図1-1 マニピュレーターは、「腕だけ」のロボット

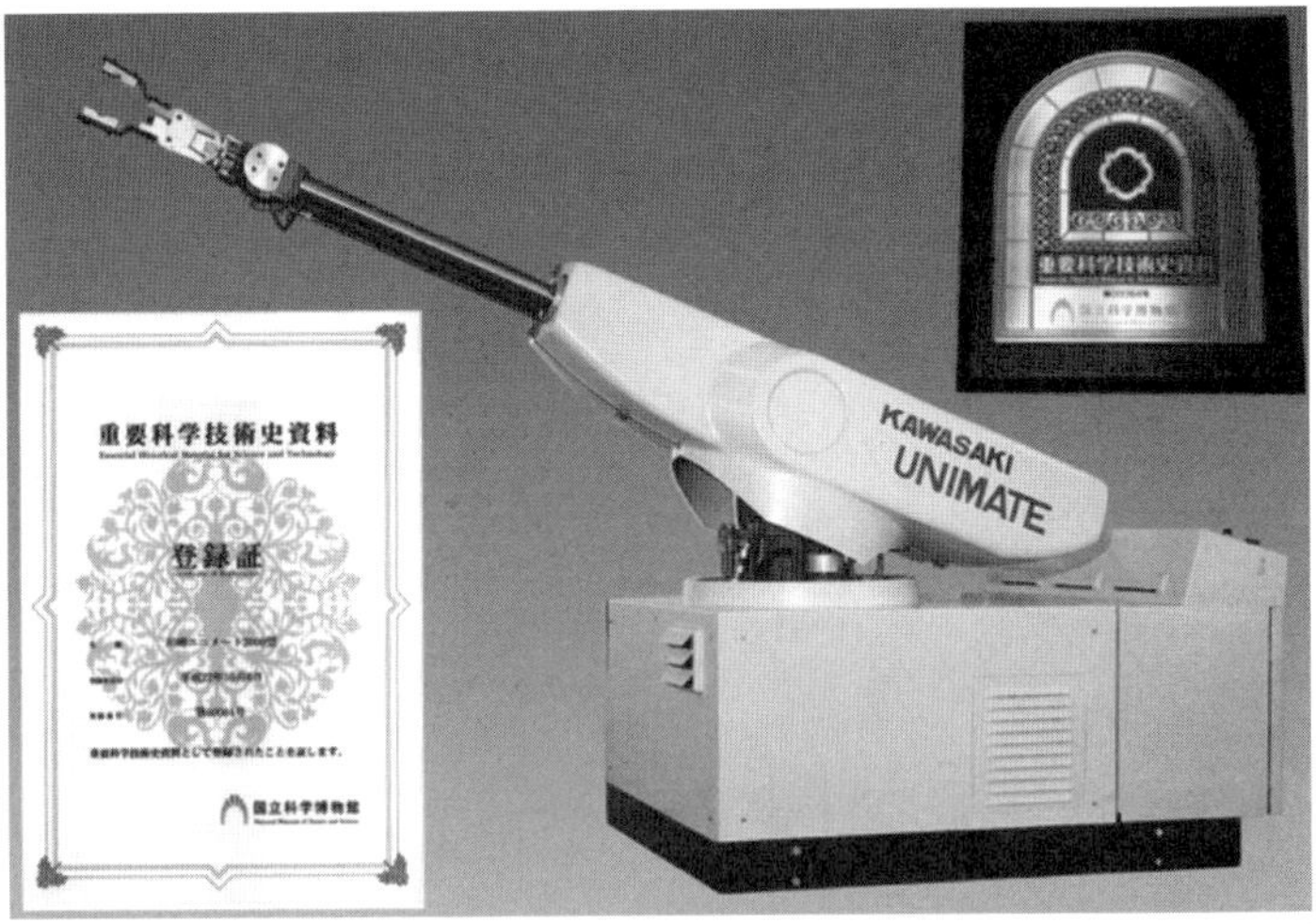

川崎ユニメート

出典：https://www.khi.co.jp/news/detail/20101020-1.html

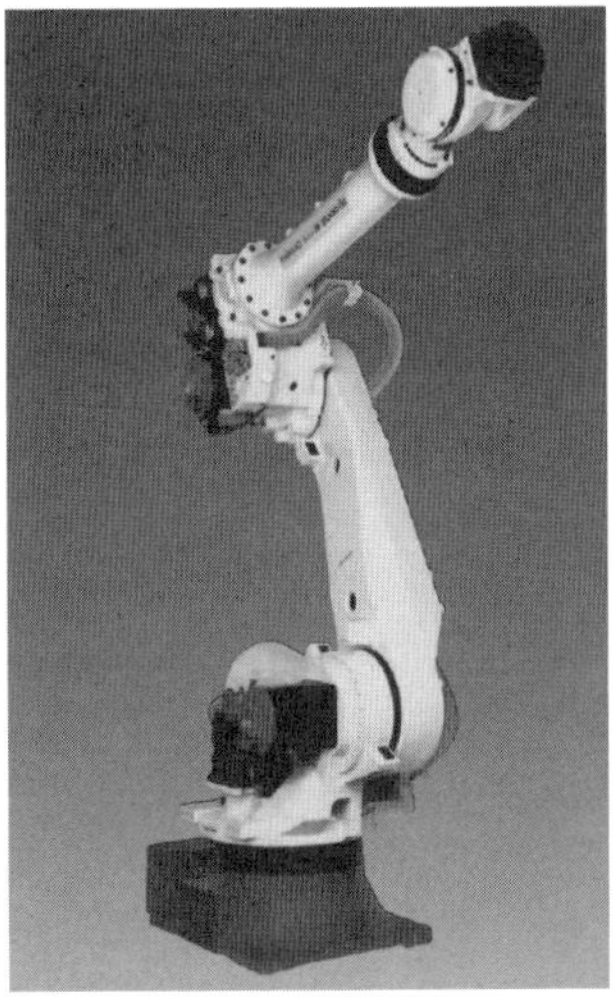

FANUC ROBOT R-2000iC

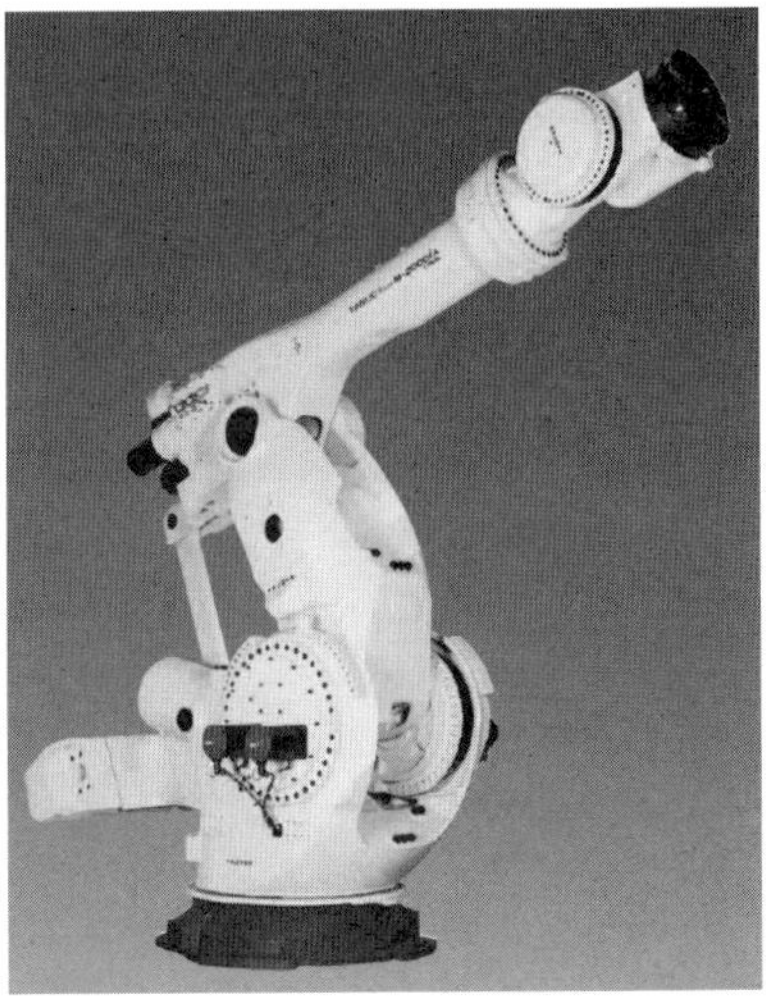

FANUC ROBOT M-2000iA

出典：http://www.fanuc.co.jp/ja/product/catalog/pdf/robot/RR-2000iC(J)-05.pdf（左）
http://www.fanuc.co.jp/ja/product/catalog/pdf/robot/RM-2000iA(J)-06.pdf（右）

業用ロボットに関する講演を、700名程度の聴衆の中、活発な質疑応答を含めて3時間ほど行ったと言われています。[*2] その後1969年には、川崎重工業がユニメーション社とライセンス契約をし、技術を導入。「川崎ユニメート」（図1-1）としてマニピュレーターの国産化に乗り出します。日本製のマニピュレーターの生産、工場への導入がこの頃から本格的に始まりました。

1980年代に入ると日本は産業用ロボットの「販売台数世界一」「稼働台数世界一」となり、ロボット大国としての名を揺るぎないものとするのですが、**ここがそのスタート地点だったのです。**

*2 handbook of industrial robotics by Shimon Y. Nof より

国内の自動車メーカーが「スポット溶接」などに使用

マニピュレーターの使用に積極的だったのは、自動車メーカーです。車体の組み立てには、膨大な数の熟練工が必要で、自動車メーカーにとって、その確保は悩みの種でした。工場の組み立てラインには常にたくさんの組立工がひしめき、有害物質の発生する塗装作業、高温での溶接作業、騒音環境など、常に危険と隣り合わせの作業を行っ

図1－2 乗用車の国内生産台数の移り変わり

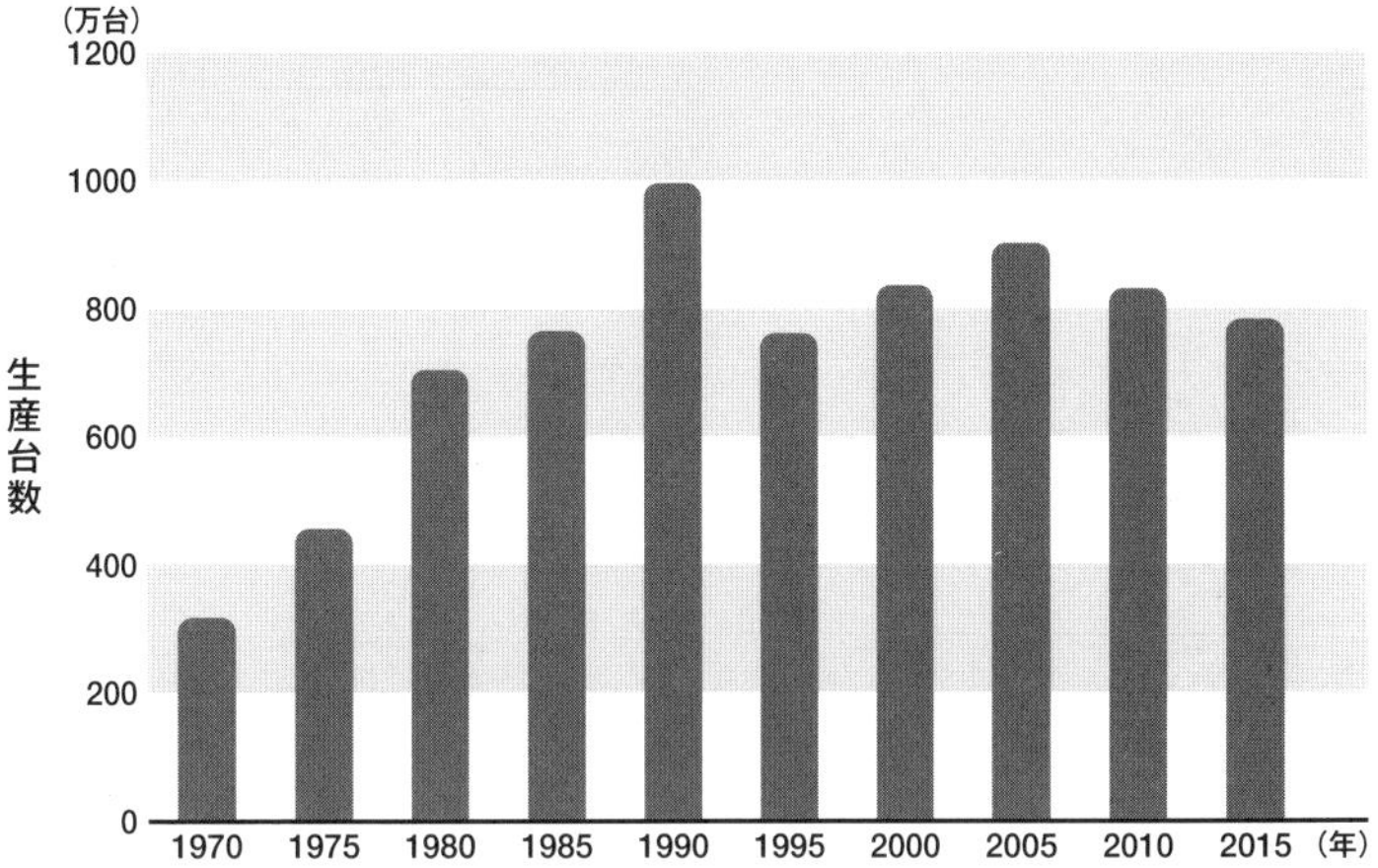

出所：(一社)日本自動車工業会

ていました。当時自動車工場の仕事というのは、「単調重労働」の代表ともいえるものでした。

自動車は典型的な大量生産方式の製品ですから、早く安くつくるためには機械による**自動化**[＊3]が効率的です。機械が働いてくれれば、少ない人員で工場を長時間稼働することができます。１９７０年代に自動車生産台数が拡大する中（図１-２）で、労働環境の改善と人手不足に対応しなければならなかった自動車メーカーにとって、産業用ロボットは解決策の有力な手段だったのです。

幸運なことに、初期のマニピュレーターは自動車のスポット溶接作業をこなせる能力（ＰＴＰ制御　31ページ）を備えていました。また車種の多様化に伴い「プログラムを変更すれば違う作業ができる」というロボットの特徴は、自動車メーカーにとっては願ってもないことでした。車種が違えば、溶接の位置も変わります。そういった作業位置の変更がプログラムを書き換えることで簡単にできるというのは、これまでの機械にはない利点でした。

- **単調重労働から労働者を解放し、工場を長時間稼働**
- **自動化による経済効果＝「早く安く大量に」**
- **車種の多様化に、プログラムの変更で対応**

マニピュレーターというロボットは、このような自動車メーカーの要請に応えることができたのです。

＊3　自動化　工作機械を手動で操作して部品を加工するのではなく、工作機械の各部操作量を数値化して自動で加工すること。

2度のオイルショックで導入に勢い

1973年、オイルショックが起こります。

図1－3 産業用ロボットの出荷台数推移

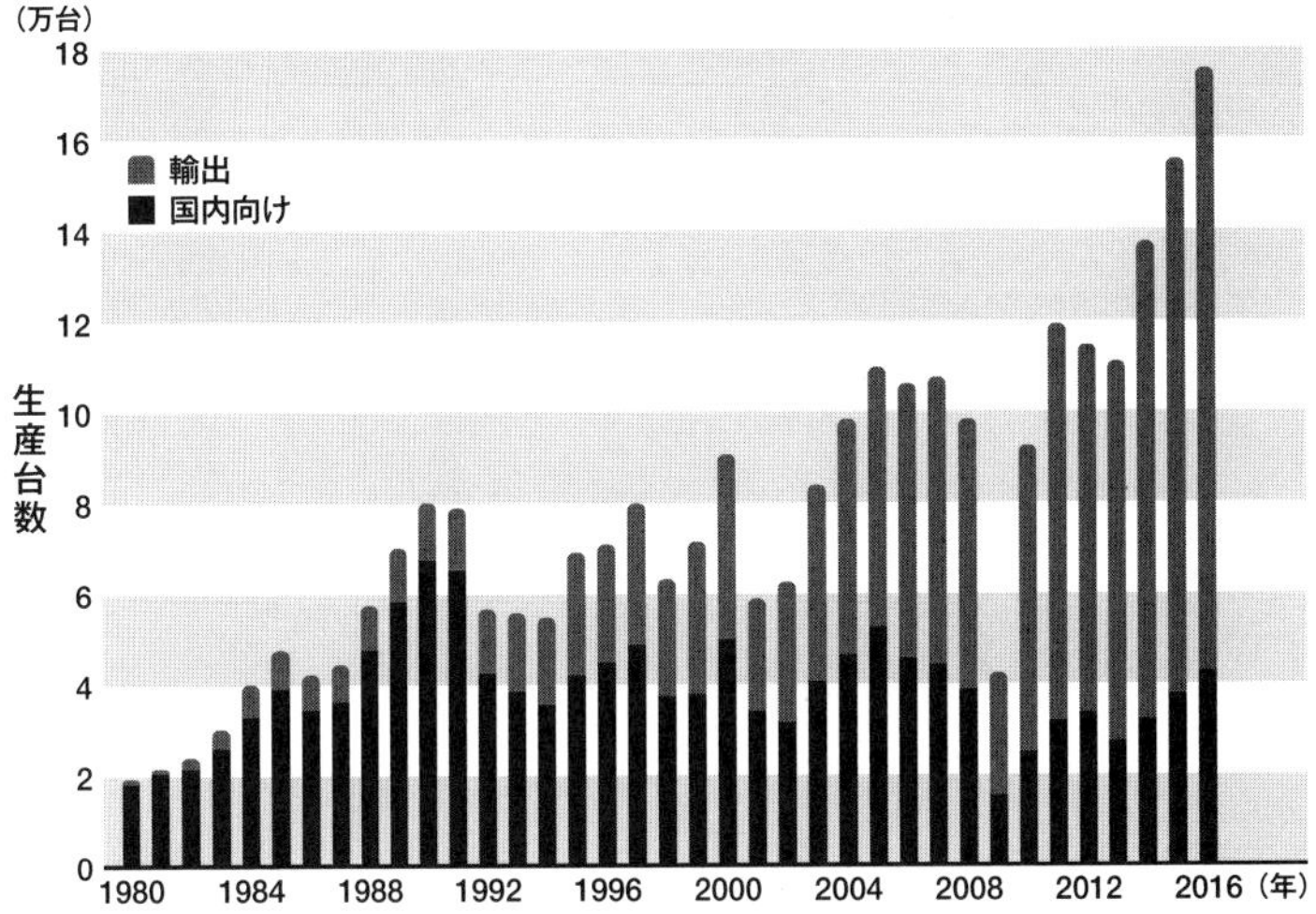

出所：（一社）日本ロボット工業会

10月に勃発した第4次中東戦争において、アラブの産油国が原油価格の引き上げを宣言し、そして強行しました。原油価格は4倍ほどに値上がりし、それに伴いさまざまな物の値段が一気に上昇しました。私はこの年に生まれたため、当時の話をよく両親から聞かされたものです。そしてその6年後の1979年には、イラン革命により第2次オイルショックが起こります。

これらの2度にわたるオイルショックは、自動車メーカーにも大きな影響を及ぼしました。原油価格の高騰により原材料価格が大幅に上がり、インフレーションをさらに加速させたのです。

オイルショックは1960年代に一気に工業国にのし上がった日本と日本企業にとって、戦後最大の危機といえるものでした。

2度にわたるオイルショックとインフレは、ロボットの普及において大きな転機となりました。マニピュレーターの導入が、製造業に広がるきっかけとなったからです。

効率的に製品をつくらなければ、企業の存続が危ぶまれるところにまで追いつめられた自動車メーカーは、経営者も労働者も一致団結し、工場の自動化に向けてロボットの導入を進めていきました。実際に1980年からの10年間、産業用ロボットの国内出荷台数は、ほぼ右肩上がりで増えています(図1-3)。

産業用ロボットが日本で花開いたのはなぜか

なぜ、産業用ロボットを生み出したアメリカではなく、日本がこの分野でトップに立てたのかという理由の一つは、このオイルショックにあります。

通常インフレが起こると、労働者は賃上げを要求します。インフレとはあらゆる物の値段が高くなることですから、これまでと同じ給料では同じ生活ができなくなるからです。欧米ではインフレによる賃上げは当然のこととされているだけでなく、労働組合が「職業別」に組織されているため、賃上げも一斉に行われます。そのため賃上げが、自らが働く会社の競争力を直接削ぐということはありません。

しかし、日本の労働組合は「企業別」です。インフレによって賃上げ要求を行えば、それに応じたA社の競争力は、賃上げをしなかった他社に比べて、低下することは明らかです。そのため、厳しいインフレの中においても、日本の労働組合は「企業の存続」を第一とし、賃上げ要求を控えることになりました。また企業側も、「終身雇用制度」という形で労働者の生活の安定を保障しました。

このような文脈において、**日本のロボットは、生産性を上げ長時間の重労働から解放してくれる「仲間」でした。一方、欧米の労働者にとって、ロボットは自分の仕事を奪う「敵」と映りました。**例えば溶接工としての仕事がロボットに奪われると考え、実際にその通りのことが起こったからです。

当時のマニピュレーターは、ユーザー企業とロボット企業の協力が不可欠なものでした。ロボットというのは基本的に「搬入して終わり」という商品ではありません。現場の環境に合わせたカスタマイズが必要ですし、使用する過程でのフィードバックを受けて、微調整を

図1−4 産業用ロボットの地域別稼働台数推移

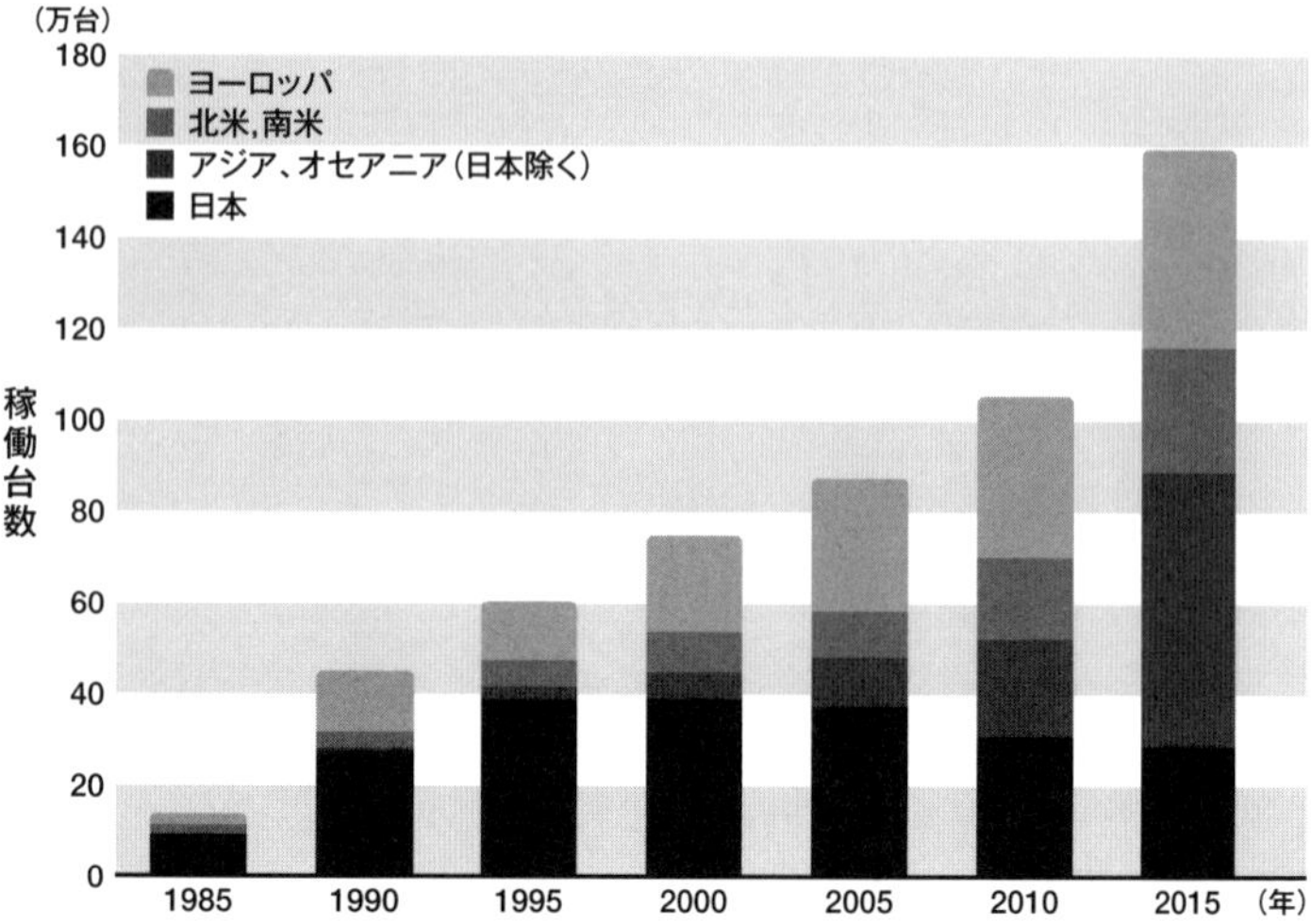

出所：国際ロボット連盟（IFR）

し続けることも不可欠でした。これは現在のロボットでも変わりません。

ロボットを仲間として受け入れた日本では、「そのままでは使えないロボット」を、「現場で使えるロボット」にするために、改善活動が絶え間なく行われました。そこには熟練工が入り込み、言うなれば自らの知恵をロボットに教え込むといった形をとるようになりました。ロボット導入に際して、しっかりとした協力体制がユーザー企業とロボット企業との間でとられたわけです。つまり、すり合せがきっちりなされたのです。

欧米の労働者たちは、ロボットに仕事が取って代わられることを恐れていましたから、ロボットを工場に根付かせるための改善活動に取り組むモチベーションを持つことはできません。結果として、欧米の工場におけるロボット導入は、日本に大きく遅れをとることになったのです。図1-4は1980年代半ばから1990年代に、いかに日本が世界に先駆けてロボットを導入したのかを示しています。

点から線へ。マイコンの登場で生まれたアーク溶接ロボット

初期のマニピュレーターというのは、「点から点」の作業がもっぱらでした。例えば、材料の運搬などでは、Aの位置からBの位置へ材料を運べればよく、AとBの位置を間違えなければよかったのです。このような、途中の経路は関係なく、ある点からある点へと移動する制御を「PTP（Point To Point）制御」といいます。

自動車を組み立てるときには、自動車のボディにはスポット溶接が多く使われ、シャシー（構造フレーム）にはアーク溶接が使われます。スポット溶接はPTP制御で対応できたのですが、アーク溶接をマニピュレーターが行うためには、溶接ラインに沿って、マニピュレータの手先を自動制御する必要があります。

みなさんもちょっと自分の腕を動かしてみて下さい。左にあるA地点から、右にあるB地

点へ、空間に線を引くように手先を移動させます。どのように動かしたでしょうか？　一直線に真横に動かす人もいれば、山なりの線を描いてB地点に到達する人もいるかもしれません。スポット溶接のためのＰＴＰ制御であれば、どちらも正解です。なぜなら、ＡとＢの位置が合っていればそれでいいからです。しかしアーク溶接では、金属の縁と縁をつなぎ合わせなければなりませんから、ＡとＢの間の軌道も金属板の縁の形に沿ったものでなければなりません（図1-5）。こうなると、マニピュレーターの腕の動かし方、つまり制御が格段に難しくなります。このようにロボットの動きをリアルタイムで計算しつつ動かすための制御方法は「ＣＰ（Continuous Path）制御」と呼ばれ、小型のコンピューターであるマイコン（マイクロコンピューター）が誕生して現実的になりました。

ちなみに「制御」という言葉は、ロボットの話をする時に頻繁に出てくるので、簡単に説明をしておきましょう。

制御とはすなわち「コントロール」のことです（実際にcontrolの訳語として「制御」が当てられました）。効果的に機械を動かすために、いかにコントロールするか、いかなるコントロール方法があるか、どのようなコントロール下におくか、という文脈で制御という言葉が出てきます。

図1−5 スポット溶接とアーク溶接

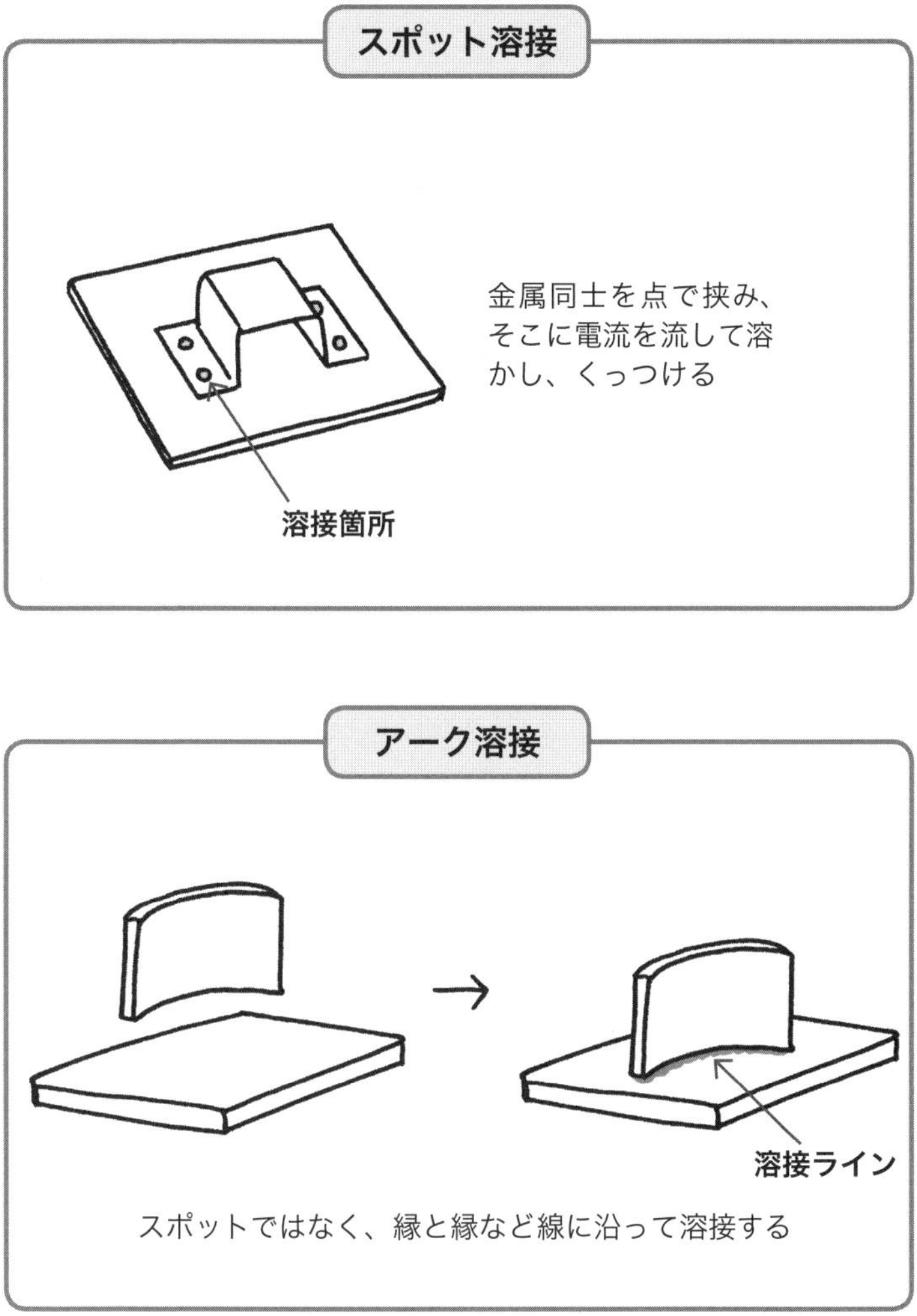

マイクロコンピューターの普及と高精度化：ロボットの頭脳

マイクロコンピューターは日本では「マイコン」と呼ばれ、技術好きな人々に愛されてきました。私自身は、マイコンブームには乗り遅れてしまったのですが、大学の同級生の中には「中学の頃６８０００にはまっていた」という友人がいました。ちなみに６８０００はモトローラ製のマイコンで、１９７０年代後半に登場しました。

マイコンの発展（図1-6）とロボットの機能向上は、密接な関係があります。マイコンは文字通り小さなコンピューターのことで、**ロボットにおいては制御を担うためのコントローラーです。**ちなみにパソコンではＣＰＵにあたります。ＣＰＵとはCentral Processing Unitの略（＝中央演算処理装置）のことで、コンピューターの中で演算処理を行う部分のことです。

マイコンが登場する前は、コントローラーであるコンピューターは、大き過ぎてロボットに内蔵することができませんでした。しかしマイコンによって、コントローラーをロボット自体に搭載することができるようになったのです。コントローラーとロボットが合体した、というわけです。

ロボットにコントローラーを搭載して、物体として一つになったということは、ロボット

図1−6 マイコンの発展

1971年	インテル	4ビットマイクロプロセッサ 4004 （1チップマイコン）
1972年	インテル	8ビットマイクロプロセッサ 8008
1974年	インテル	8ビットマイクロプロセッサ 8080
1974年	モトローラ	8ビットマイクロプロセッサ MC6800
1976年	ザイログ	8ビットマイクロプロセッサ Z80
1978年	インテル	16ビットマイクロプロセッサ 8086
1979年	モトローラ	16ビットマイクロプロセッサ MC68000
1979年	ザイログ	16ビットマイクロプロセッサ Z8000

図1−7 マイコンが組み込まれた産業用ロボット

インテル 8080マイクロプロセッサー
画像提供：インテル

MOTOMAN-L10
画像提供：株式会社安川電機

にとって大きな一歩でした。
　１９７７年に自動車部品メーカーに出荷された安川電機（当時、安川電機製作所）のマニピュレーター「ＭＯＴＯＭＡＮ-Ｌ10（図１-７）」には、８ビットマイコンであるインテルの「８０８０」が搭載されていました。このロボットは、その後のマイコン搭載ロボットの先駆けとなりました。

　この頃のマイコン御三家はインテル、モトローラ、ザイログ。３社がしのぎを削り、１９７０年代、マイコンの普及は一気に進みます。マイコン自体の性能もあがり、応用範囲も増えたからです。家電にも広がり、例えばマイコンを搭載した炊飯器「マイコンジャー」が登場したのは１９７９年。「米の量に合わせて火加減を調整する」という機能をマイコンが担いました。１９８０年代にはマイコンはさらに小型になり、高性能化していきます。

油圧駆動から「電動」へ：ロボットの筋肉

　安川電機のマニピュレーター「ＭＯＴＯＭＡＮ-Ｌ10」は、マイコン搭載の他にも、これまでにはなかった特徴を備えていました。**ロボットの動きを生み出す「アクチュエーター」**

が油圧式から電動式へ変わったのです。

アクチュエーターとは、機械やロボットの動きや力を生み出す装置の総称です。具体的には、モーターや**油圧シリンダ**[*4]、人工筋肉などを指します。川崎重工業の日本初のマニピュレーターも油圧駆動式でした。つまり油の圧力を利用して動かしていたのです。

このような話をすると「ロボットを油で動かしていたのですか?」と驚かれるのですが、油圧式は現在でも広く使われている方法です。油圧式のメリットは、油圧源があればアクチュエーターのサイズの割に大きな力が出せること。ですからショベルカーなどの建設機械は油圧式を採用していますし、「はじめに」でお話ししたボストン・ダイナミクス社の蹴っても倒れないロボット「B·ig D o g(ビッグドッグ)」も、油圧駆動です。

意外に思われるかもしれませんが、油圧式のアクチュエーターは、高精度で応答性のよい制御が可能であり、その点も初期のロボットに採用された理由です。

しかし油圧式にはデメリットもあります。どうしても油漏れなどの不具合が起き、メンテナンスに手間がかかる。そのため「電動にできないだろうか」という模索が続けられていたのです。

この電動式のマニピュレーターに社運を賭けたのが安川電機です。

1972年、「円筒座標系」[*5]のロボットを油圧式ではなく電動式で実現すべく、独自開発に着手しました。しかしこの頃、電動のアクチュエーター、具体的には電動モーターはまだまだ貧弱で、小さなラジコンならともかく、大きな産業用ロボットを動かせるような力を持つものではありませんでした。またモーターの先につけることで、「回す力」である**トルク**[*6]と回転速度を調節する「減速機」も大型でした。ロボットの関節に搭載できる小型のものはなかったのです。電動式への移行には、

・小さなサイズでロボットを動かすことができる電動モーター
・ロボットの関節に搭載できる小さな減速機

の誕生を待たねばなりませんでした。

5年の歳月を経た1977年、CP制御を可能とするマイコンを搭載し、右記の特徴を兼ね備えた電動モーターと減速機を内蔵した「MOTOMAN-L10」が、アーク溶接の現場で稼働を始めたのです。

これ以降、ロボットの現場では電動アクチュエーターへの転換が一気に進みます。ロボットの「筋肉」は、油圧から電動へと大きく舵を切ったのです。

「MOTOMAN-L10」は、ロボットの頭脳であるマイコンが内蔵され、筋肉であるアクチュエーターが油圧から電動になったという二つの意味で、これまでのロボットとは一線を画すものになりました。1980年代以降は、ロボットのアクチュエーターの中心は電動へと移り変わります。

＊4　油圧シリンダ　シリンダの中にあるピストンを油圧で動かし、そのピストンについている棒の出入りで機械的な動作をさせる装置。
＊5　円筒座標系　円筒をイメージした座標系で、ある点を円の中心軸からの距離、回転角度、高さの3つで表したもの。
＊6　トルク　回転軸周りに回す回転力のこと。トルクは力（N）×回転軸から力の加わる点までの距離（m）で定義される。例えば、歯車を回転させるときの回転力や、ペダルを踏むときの回転力など。

主流となる垂直多関節型ロボット

「MOTOMAN-L10」でもう一つ忘れてはならないのは、このロボットが「垂直多関節型」であったということです。この型のロボットのメリットは、コンパクトな割に作業範囲が広く、対象物への回り込みがうまくできるため、様々な動作に対応しやすいことです。

次の項で「垂直多関節型」の特徴をお話ししていきますが、少し専門的になりますので読み飛ばしていただいてかまいません（私はこういった技術の話が好きなのですが）。ポイントとしては、現在日本で出荷されているロボットの7割程度を占めるのが垂直多関節型であるということです。

ちなみにマイコン制御された電動式の垂直多関節型ロボットを最初に発表したのは、スウェーデンのＡＳＥＡ社でした。１９７３年、「ＩＲＢ-６」という電動式ロボットは、技術者に大きなインパクトを与え、垂直多関節型ロボットの開発競争へとつながりました。

スリムな体で作業範囲の広い「垂直多関節型」

占有スペースの割に可動範囲の広い「垂直多関節型ロボット」の実現に時間がかかったのは、計算量の多い「逆運動学」の問題があったからです。ロボットの手を動かすためには、計算が必要です。

例えば「ロボットのそれぞれの関節をどのように回転したか」がわかっているとき、ロボットの手先がどのように動いたかというのは、比較的簡単な計算式で表されます。これは「順運動学」と呼ばれます。

逆運動学というのは、ロボットの手先をA地点からB地点まで「こんなふうに動かしたい」という「目的」がまずあり、そのためにどのようにロボットの各関節を動かせばいいのかを、計算で求めるものです。例えばアーク溶接では、溶接ラインに沿って手先の動かし方を変えなければなりません。まっすぐに溶接すればいいところもあれば、つなぎ目のカーブに合わせて弓なりの軌道で溶接しなければならないところもあるでしょう。「思ったように手先を動作させるために、各関節をどのように動かせばよいのか」、そのための計算量が多かったのです。

逆運動学がわかりにくい、という人が多いので、ここで例をあげてみます。そのものではありませんが、概念を理解する助けになるはずです。

ここに目覚まし時計があります。これを分解すると、目覚まし時計にどのようなパーツがいくつ使われているかがわかります。分解する過程で、どのように組み立てられているかもわかるでしょう。できあがっている（確定している）ものからの作業なので簡単にできます。これが順運動学です。

ばらばらになった部品を組み合わせて目覚まし時計を組み立てるのが難しいことは想像がつくと思います。どの部品とどの部品が組み合わせられるのかもわからない上に、いろいろな組み合わせの可能性があるからです。「逆運動学」は、これに似ています。

こんなものをつくりたい、というイメージから、パーツや組み立て手順を割り出すのですから、逆運動学のほうがずっと難しいということがわかっていただけると思います。

小型のマイコンのおかげで計算量の多い逆運動学を解きながら制御することが可能になり、垂直多関節型ロボットの持つ「占有スペースの割に可動範囲が大きく、回り込んでの手先の作業が可能」というメリットが活かせるようになりました。

このロボットが市場に受け入れられ、現在でも産業用ロボットの主力製品であるのは、このような理由によるのです。

ちなみに、垂直多関節型が使われていることが多い、溶接、塗装、機械加工、一般組み立て、マテハン用途のロボットの国内出荷台数の規模は、２０１６年で12万台弱程度（そのうち９万台程度が輸出）です。

日本の産業を支える縁の下の力持ち

日本のロボットは、マニピュレーターという腕一本のロボットから始まりました。そして今この瞬間も、日本各地の工場で、ロボットたちはその腕を休みなく動かしています。

ロボットというと、ほとんどの方が人型ロボットであるヒューマノイドを頭に浮かべます。しかし、始まりは腕一本。その腕が日本の自動車産業の発展に大きな貢献をしてきました。日本の工業国家としての成長の裏にあったのは、こうしたロボットの活躍でした。

次にロボットについて見聞きする時には、ぜひこのことを思い出していただけたらと思います。

ロボットたちはまさにその細腕一本で、日本を支え続けてきたのです。

第2章

1980年、ロボット普及元年

：第1次ロボットブーム（1980年代〜1990年代）

ロボットが普及した第1次ブーム

純国産の「スカラ型ロボット」は、ロボットの活躍の範囲を広げることになりました。やわらかく制御された手先は、小さな部品の組み立てにも向いていたからです。1980年代は、産業用ロボットの国内出荷台数、輸出台数ともに右肩上がりで増えていきました。日本のロボット産業は、国内のみならず海外にも広く知られることとなったのです。

この頃、ロボットをサービス分野へと広げる取り組みが始まりました。1983年には初の国家的プロジェクト「極限作業ロボットプロジェクト」がスタート。原発事故に対応するためのロボットも、この頃すでに議論されていたのです。

純国産、スカラ型ロボットの誕生

自動車産業と二人三脚で発展してきた産業用ロボットですが、１９８０年代には次の大きな波を迎えることになります。

１９８０年代初頭、純国産の産業用ロボットが各工場で稼働を始めました。「スカラ型ロボット（Selective Compliance Assembly Robot Arm）」です。山梨大学の牧野洋教授のもとで研究が続けられていた、この「水平多関節型ロボット」は、80年代の日本の産業を牽引する原動力として市場に投入されました。

水平多関節型ロボット（図2-1）とは、水平方向に3つの回転軸を持ち、アーム先端に上下のスライド軸を持ちます。平面内での位置はある程度の外乱を吸収できるようにやわらかく制御できる一方で、上下の軸方向はずれにくい構造のため、部品の取り付け作業などに向くものです。

スカラ型ロボットが示した、2つの大きな意味

スカラ型ロボットを直訳すると、「選択的なコンプライアンス（柔軟さ）を持つロボットアーム」となります。ここでいうコンプライアンス、つまり柔軟さとは、機械の動きに「やわ

図2−1 水平多関節型（スカラ型）ロボット

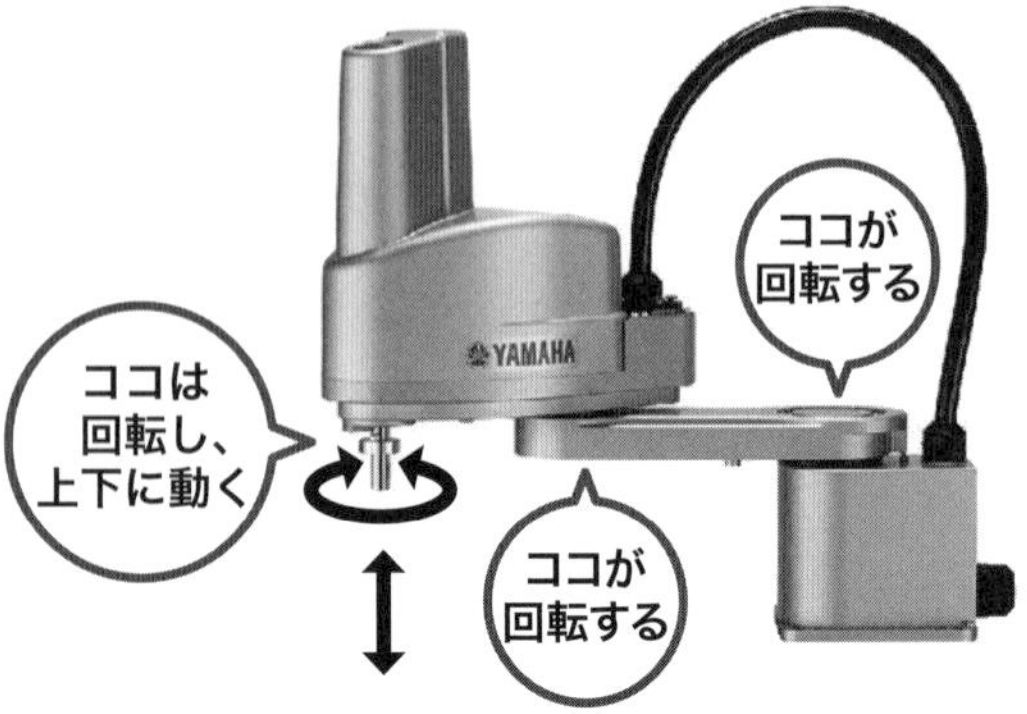

小型スカラロボット（YAMAHA YK400XR）

出典：https://www.yamaha-motor.co.jp/robot/lineup/ykxg/yk400xr/（写真）

らかさ」がある、ということです。このスカラ型ロボットは、水平方向（前後や左右）の手先にやわらかさがあるロボットでした。

具体的にどのような動きをするのでしょうか？

例えば、「板に空いている小さな穴に、部品を上から差し込む」という作業を想像してください。ベルトコンベアーで流れてきた板が、ロボットの前で止まります。この時、従来のロボットでは、その位置が１㎜でもずれていると、部品を差し込むことはできませんでした（穴の横にグサッと差してしまいます）。なぜなら、ロボットは決められた通りの正確な動きで、部品を上からまっすぐに差し込むことしかできなかったからです。

このような動きしかできないロボットでは、小さな部品の組み立てを行うことはできません。

この問題を解決してくれたのが、スカラ型ロボットです。水平方向にはやわらかく、垂直方向にはブレのないように制御されているため、部品を組み込む先の板の位置が少しずれていても、うまい具合に部品を差し込むことができるようになったのです。

微妙な位置のズレに、指先のやわらかさで対応し、より人間の腕の動きに近づいたともいえます。

このスカラ型ロボットの誕生は、ロボット史の中で2つの大きな意味を持っています。 一つは、このロボットが「純国産」であるということです。日本初の国産ロボットであるこのスカラ型ロボットは、2006年に米カーネギーメロン大学の「ロボット殿堂入り」を果たしており、そして現在も、様々な改良型が現役で活躍しています。ちなみに、この「ロボット殿堂」というのは、ロボット工学で有名なカーネギーメロン大学による科学とSFにおける優れたロボットを顕彰する賞（The Robot Hall of Fame）のことです。日本から殿堂入りした他のロボットには、「ASIMO」、「鉄腕アトム」、「AIBO」があります。

もう一つは、このスカラ型ロボットの誕生によって、自動車産業以外にもロボットの使用範囲が広がったということです。電子部品の組み立てや、電子基板の製作などにロボットが使えるようになったのは、スカラ型の誕生のおかげです。

家電産業へも広がる

産業用ロボットメーカーにとっても、スカラ型ロボットの登場は大きな喜びをもって迎えられました。というのは、この頃メーカーは、新たな販路の開拓を目指していたからです。

産業用ロボットというのは、一度工場に搬入をしてしまうと、頻繁に買い換えられる商品ではありません。整備をしながら、ある程度長期間使い続けるのが普通です。そのため、自動車業界において大きな成果をあげたものの、その後の販路については模索が続けられていました。80年代に実用化されたスカラ型ロボットは、基板に電子部品を実装する、といった細かい作業にも向いていたため、家電メーカーや電子機器メーカーへと、ロボットの販路を広げることにつながったのです。

垂直多関節型ロボットのさらなる進化

これまで自動車産業を支えてきた、垂直多関節型ロボット（図2-2）も、さらに進化して

図2−2 垂直多関節型ロボット

MOTOMAN-MPX1150

画像提供：株式会社安川電機

いきました。垂直多関節型ロボットは現在においても、ロボット生産台数の7割程度を占める主力製品です。

この頃には、**6自由度の関節**[*1]を持つようになりました。人間の腕の動きは7自由度なので、より人間に近い動きが再現できるようになりました。

また、手首から先を取り替えることで、様々な作業ができます。その種類には、溶接機、ねじ締め機、そしてグリッパと呼ばれる2本指の手などがあります。例えばグリッパの2本の指は、平行移動しその間隔を変えることで、物をつかみます。

＊1　6自由度の関節　回転する軸の数が6個あるということ。回転する軸の向きや場所の組み合わせ方で、ロボットの手先が動ける範囲が異なる。人間の腕は肩に3自由度（3つの回転軸がある）、肘に1自由度、手首に3自由度の合計7自由度である。

「減速機」の開発が、ロボットの小型化に結びつく

第1章で触れたように、80年代は油圧から電動へアクチュエーターの転換が進みました。そこには、新たな「減速機」の開発も寄与していました。

80年代まで電動への転換が進まなかった理由の一つに、減速機の性能の問題がありました。減速機というのは、モーターの先に付ける「モーターから取り出すトルクと、回転数の割合を変換する機械」です。簡単に言えば、「スピードと力の具合を調節する部品」のことです。

ロボットに減速機が必要なのは、ロボットが生み出す力の調整が必要だからです。モーターの回転によって、ロボットは動きますが、通常モーターは非常に速い速度で回転します。回転が速いと、トルクは小さくなります。そのため、回転スピードを歯車と組み合わせた減速機で落とし、大きなトルクに変換します。そうすることで、ロボットは大きな力を出すことができるのです。

これまでの減速機は大型で、小型のロボットの関節に搭載できるものはありませんでしたが、80年代には、「**特殊構造減速機**[*2]」も市場に出回るようになりました。

これらの減速機の特徴には、小さなサイズで大きなトルクが取り出せる、小さくて軽いためロボットに搭載できる、振動が少なく「位置決め」に影響を及ぼさない、といったロボッ

トにとって重要な点が含まれていました。

また、減速機自体が軽く、小さくなったことで、ロボット全体の重量を30～40％削減できるようにもなりました。減速機の開発がそのまま、ロボットの軽量化・小型化に結びついたのです。

このような減速機の誕生のおかげもあり、可搬重量（運べる物の重さ）が50kgクラスの電動ロボットが登場しました。力がないために使えなかった電動が、減速機の開発とモーターの進化によって可搬重量のアップに成功したのです。

そのため、メンテナンスが煩雑であった油圧から、扱いやすい電動への切り替えが急ピッチで進みました。

このように見ていくと、**ロボットの進化を牽引したのが、それぞれの要素部品の進化である**ことがわかります。70年代、80年代を通して、マイコン、モーター、減速機など、各種メーカーがしのぎを削り開発をした成果が、ロボットの小型化・軽量化に貢献することになったのです。

*2 特殊構造減速機　減速機は、平歯車という一般的な歯車を何段か組み合わせて構成したものが多いが、これは平歯車を使わず特殊な原理で回転数とトルクを調整する減速機。代表的なものに波動歯車があるが、これは楕円形上のカムによる金属弾性体のたわみをうまく活用したもの。商品としてハーモニックドライブが有名。ほかに「サイクロ減速機（住友重機械工業）」「RV減速機（ナブテスコ）」が産業用ロボットの特殊構造減速機として有名である。

1980年、ロボット普及元年

１９８０年代は、自動車産業のみならず、様々な工場に産業用ロボットが導入された時代でした。そして産業用ロボットの輸出が、本格的に始まったのもこの頃です。国内出荷台数、輸出台数ともに右肩上がりとなる80年代のスタートとなった１９８０年を、私たちロボット研究者は「ロボット普及元年」と呼んでいます（図２－３）。

80年代の日本経済をさっと振り返ってみましょう。この頃、経済は安定的に成長し、日本も日本人もとても元気な時代でした。そして後半はバブル景気に突入します。

１９７０年に５３０万台だった国内の四輪車（乗用車・トラック・バス）生産台数は１９８０年には１１００万台へと約２倍に膨れ上がり、アメリカを抜いて世界１位となります。

図2－3 日本における産業用ロボットの出荷台数推移

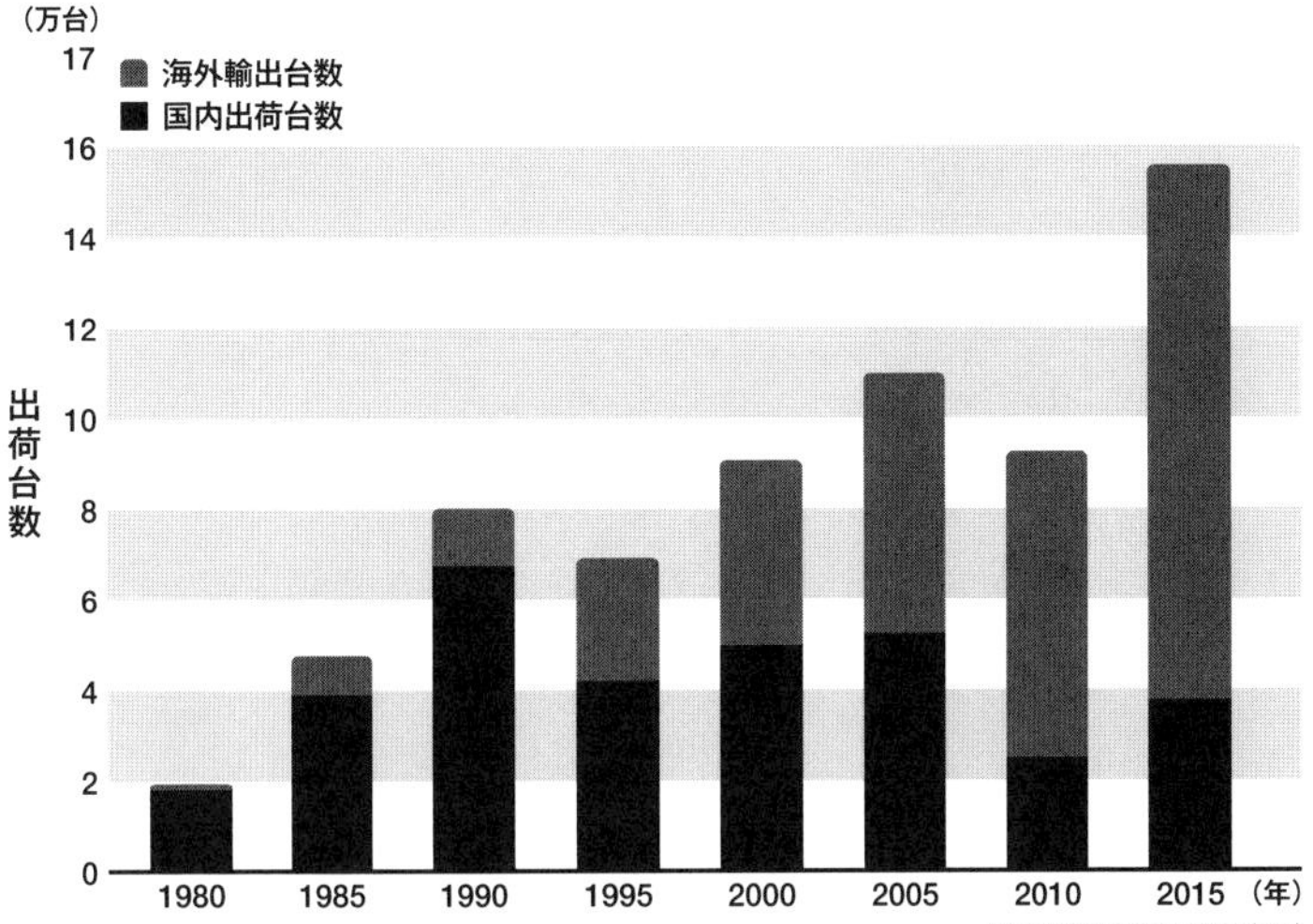

出所：国際ロボット連盟（IFR）

日本では工場でのロボットの活躍により、品質の良いものを低コストで製造できるようになっていました。生産された車の多くが輸出にあてられたのは、オイルショックのためにガソリンの値段が高騰し、燃費の良い日本車が求められたからです。燃費の悪いアメリカ車から、日本車への買い替えが、自動車立国であるアメリカ国内でも進みました。

日本製品が世界で受け入れられるようになり、特にアメリカとは自動車、半導体などの輸出量の急増により、貿易摩擦が生じるほどになりました。この頃、テレビのニュースで、アメリカの労働者が日本車を壊して抗議する映像が繰り返し放映されたのを、覚えている方もいるかもしれません。さらに、半導体もこの頃世界一になりますが、その背景にはロボット産業の広がりがあると考えられます。

また、86年末から91年前半まで、日本は「バブル景気」に沸きかえります。87年にGDP[*3]（国内総生産）はアメリカを追い抜きました。土地や株式の買い占めが広がり、89年には三菱地所がニューヨークのロックフェラー・センターを買収しました。同年の12月に、日経平均株価は最高値の3万8915円をつけています。

このような経済成長に伴い、産業用ロボットの生産台数、そして輸出台数も右肩上がりで伸びていったのです。80年代は、日本の製造業の海外生産が本格的に始まった時期であり、それに付随してロボットの輸出も増えていきました。

自動車メーカーだけを見ても、ホンダは1982年、日産は83年にアメリカで現地生産をスタートし、トヨタはGMとの合弁工場を84年にスタートさせました。トヨタは89年にも独自の工場をケンタッキーに建設しています。

産業用ロボットの稼働台数を見てみましょう（図2-4）。

1985年には、日本9万台、アメリカ2万台、ドイツ1万台、世界ではトータル14万台が稼働していました（数字は国際ロボット連盟（IFR）によるデータで千の位を四捨五入）。これが2010年になると、日本31万台、中国5万台、アメリカ15万台、ドイツ15万台、韓国10万台、トータル106万台となります。そして、2015年は、日本29万台、中国26万

図2-4 世界での産業用ロボットの稼働台数

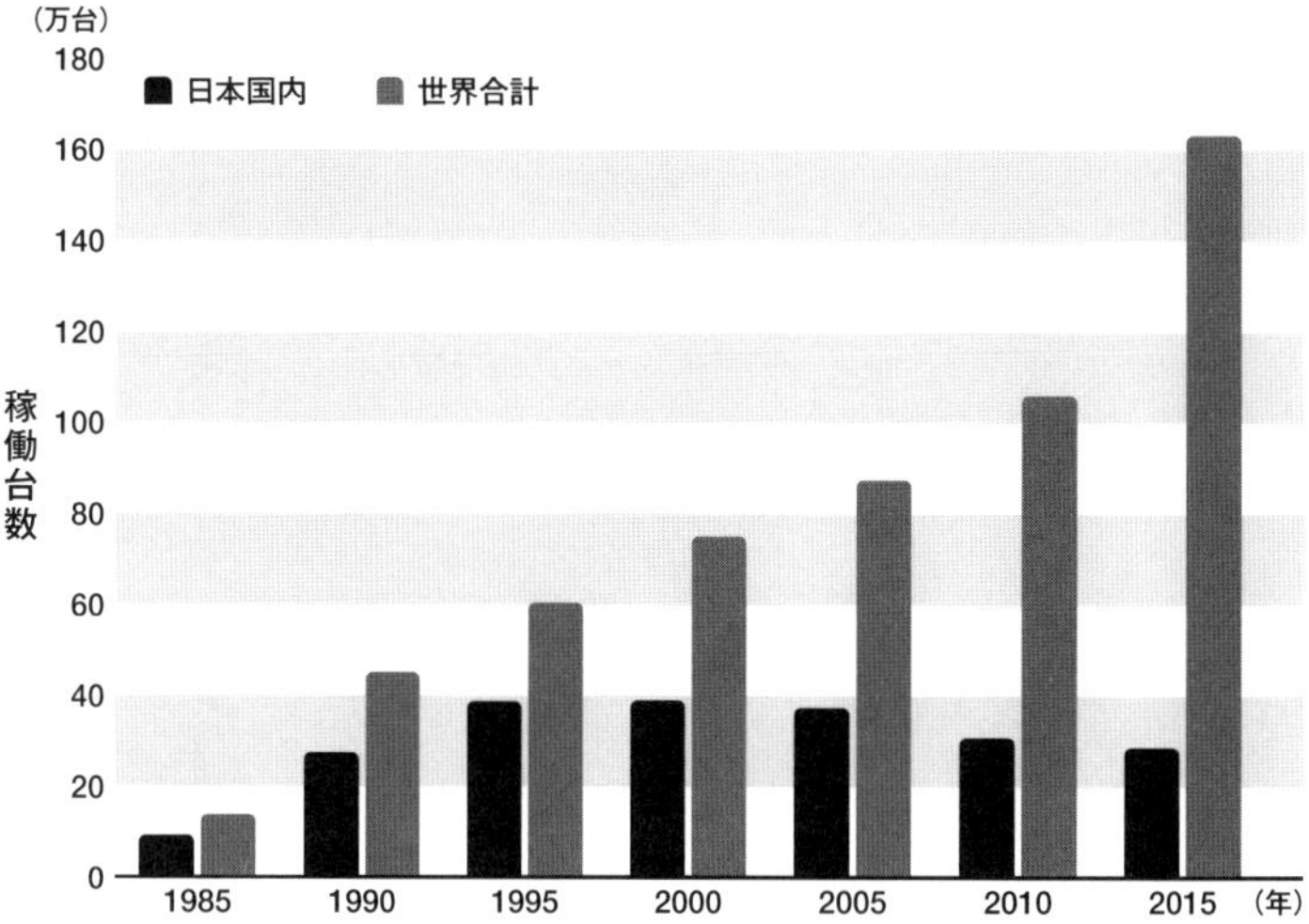

出所：国際ロボット連盟（IFR）

台、アメリカ23万台、韓国21万台、ドイツ18万台、トータルでは163万台です。

　このように世界的に産業用ロボットの稼働台数は現在も順調に増えていることがわかります。その一方で、日本国内における稼働台数は2000年の39万台をピークに減少傾向にあります。実は、稼働台数は2015年までは日本がずっと世界で1位の座をキープしてきましたが、近年の中国の追い上げはすさまじく、2017年には中国が世界1位となりました。

　産業用ロボットの出荷台数を見てみると（図2-3）、バブル期前までは国内出荷をメインに右肩上がりに増加、その後いったん減少、近年は中国など海外市場にけん引されて増加、という傾向がわかります。

＊3　GDP　Gross Domestic Productの略。ある期間に国内で生み出されたモノやサービスの総額のこと。

極限作業ロボットプロジェクト開始

産業用ロボットが軌道に乗り始めたこの頃、ロボットの応用分野を製造業から他の分野へ広げることが、模索され始めました。現在もこの動きの延長線上にあるといえるかもしれません。

1983年、ロボットを本格的に研究課題とした、国による最初のプロジェクト（国プロ）が立ち上がりました。通商産業省（当時）による「極限作業ロボットプロジェクト」です。人が行くことのできない場所での作業を、人間の代わりに行うロボットの研究と開発が目的でした。

これは8年間に約200億円をかけた大型プロジェクトで、テーマは、

①原子力プラントのメンテナンス
②海底石油プラントのメンテナンス
③石油生産施設防災ロボット

の3つに絞られました。原子力発電所がターゲットとなったのは、1979年にアメリカの

スリーマイル島で原発事故が起こったためです。このプロジェクトにおいて、原発の中で作業するロボットが実際に作られました。

極限作業用ロボットの実用化

このプロジェクトの話を一般の方たちにすると、「なぜ福島のときに、すぐにそれが使えなかったのですか?」という質問を必ずされます。本当にその通りです。「国のプロジェクトでお金をかけて原発用ロボットを開発していたのに、実際に使えないというのはどういうことだ」「これまでのロボット開発の成果を、今こそ見せてほしい」……。このような感情はもっともだと思います。

しかし実際には、日本の原発用ロボットは、すぐに使える状態ではありませんでした。これにはいくつかの理由があると私は考えています。

一つには、「国プロ」が始まった時代、1980年代の「空気」です。今となると、その時代の「空気」を想像する、もしくは思い出すのは難しいのですが、当時流れていたのは「基本、日本で原発事故は起きませんから」というものでした。ですから国プロにより、原発の内部に入ることができるロボットをつくりはしたものの、その後メンテナンスをしたり、アップグレードをしたりして、「いつでも出動できるようにしておく」ということにはなりませんでした。予算も含めた体制が取られなかったからです。言うなれば、お金もなくなり、興味も薄れて、フェードアウトしてしまったのです。

そして、国プロ終了後から約8年経った1999年に、茨城県東海村にある株式会社JCOの核燃料加工施設で臨界事故が起きました。このときに、極限作業ロボットプロジェクトの成果を活用できればよかったのですが、活用できる状態で維持・発展しているロボットはなく、この結果をふまえて、国は再び原発用ロボット開発プロジェクトを進めました。ですが、その後の評価委員会で「性能不十分のため廃棄処分」と判定されてしまいます。

すでに退職されましたが、日本のロボット界を引っ張り、JCO事故対策のロボット開発にも尽力した東京工業大学の広瀬茂男名誉教授は自身の著書でこんなエピソードを紹介しています。

――廃棄処分の判定となったロボットを大学で引き取らないか、と開発した企業から話をされ、あるプロジェクトを立ち上げてロボット保管費用をねん出した。けれども予算が続かず、数回動かしたのち、モニュメントになってしまった。――

広瀬氏は現在もHiBot社の社長としてロボットの研究開発を推進しており、独創的な機構を持つロボット開発の世界的権威ですが、そのような方が開発したロボットでさえも

「開発して終わり」となることが多かったのです。

結局のところ、開発した「後」、引き続き予算を取得して、いつでも動かせる状態にしておかなければならないのですが、何年後に使われるかもわからない「万が一」に備えておける覚悟を持てるかどうか……。関係者はもちろんのこと、国の対応も問われているのです。63ページの図2-5を見てください。実はこれほどのロボットが開発されてきたのです。

原発用ロボットには互換性がない

そして、日本の原発用ロボットが使えなかったもう一つの理由は、原発に装備されている点検用の機械には、他との互換性がないということでした。つまり「ある原発」の「その場所」でしか使えない専用の機器が多いのです。

機械のメーカーにお勤めの方であれば、自社の機械が他社の環境では使えない、ということを経験されていることでしょう。

ロボット以外の動く機械を例にとれば、電車も同じです。例えば東武東上線は、和光市駅で東京メトロ副都心線に乗り入れますが、これはレールの幅が同じで、同じ車両が使えるからです。京成線の電車をＪＲに乗り入れようとしても、京成線のレール幅が１４３５㎜、かたやＪＲは１０３７㎜と違うためできません。一見、同じように見え、かつ日常的に使われている電車でもそうなのです。

新幹線の在来線区間への乗り入れを可能にしようと、JR九州では「フリーゲージトレイン」の模索を続けています。これはレール幅の違う区間をつなぐために、車両の車軸の幅を自由に変更できる車両のことです。しかし、開発をスタートしてから20年ほどが過ぎていますが、まだ実施のめどは見えません。同じ鉄道車両であるのに、車輪軸の長さが異なるだけで、これほど時間がかかるのです。

原発用ロボットにも同じことが起きています。初期にあった決められたレールの上を走行する形式の原発用ロボットは、鉄道と同じ問題をかかえていましたし、そもそも事故の後にレールそのものが壊れた状態では、使用することができません。

ロボットという言葉が、人々に「知的な機械」というイメージを持たせるため、なんでもできる、使いまわしができて当然、というような感覚を起こしてしまうのかもしれませんが、互換性がないという問題点は、みなさんの周囲にあるあらゆる精密機械と同じです。

最後にあげられるのが、経済原理です。

このような互換性のなさというのは、実はプラス面もあります。

鉄道においても、どこの路線でも使えるように「あらかじめ」互換性を持たせておくこと

図2−5 年表：日本における主な極限作業ロボット開発の歴史

人間が存在できない極限環境下で遠隔あるいは自律で動くロボットで、耐放射線性、耐高温性、耐腐食ガス性、移動技術、エネルギー制御技術、通信技術などが求められる。原子力プラントのライフサイクルに沿って、ロボット化が検討されていた。	
1972年	三菱重工　蒸気発生管を懸垂歩行するロボット
(1979年	スリーマイル島原子力発電所事故)
1984年	石川島播磨重工　原子力容器の定期検査用ロボット(超音波プローブを持ち、レールやラックに装着されて移動する)
1985年	東芝　制御棒駆動機構交換用ロボット
	東芝　モノレール軌道を走行する目視点検ロボット
	三菱重工　脚車輪型ロボット(原子力格納容器内での軽作業)
1986年	東芝、日本原燃サービス　プラント保守用電動式マスタースレーブマニピュレーターシステム
(1986年	チェルノブイリ原子力発電所事故)
1987年	富士電機、日本原子力発電　原子炉検査用大型関節マニピュレーター
1990年	三菱重工　狭隘《きょうあい》部の定期点検用ロボット
1992年	三菱重工　原子炉容器内の水中を移動する超音波探傷試験用ロボット
1997年	石川島播磨重工　水中移動の超音波探傷試験用ロボット
(1999年	東海村JCO臨界事故)
2001年	製造科学技術センター　作業監視、小型軽作業ロボット、作業ロボット、重量物運搬ロボット、耐高放射線性対応ロボットなどの原子力防災支援システム(階段昇降、ドアの開閉、災害状況把握、機材搬送、弁の操作などの機能もある)

はできるかもしれません。しかし、そのぶんだけ開発や維持にコストがかかります。それは私たちの運賃に跳ね返ることになるでしょう。株主から苦情がでることも考えられます。ですから、使う場所が決まっているならば、「不要なものは省く」のが企業の経済原理です。

電車の製造メーカーは、重電メーカーであり、原発ロボットの開発メーカーと重なります。ある原発で使うロボットに、他の原発でも使えるようにするための機能をわざわざ搭載するという意識は、これまでの発想の中では生まれません。

現在では、次項でお話しするように様々な移動方式のロボットが開発されていますから、このような互換性の問題も近いうちに解決されるかもしれません。ただ、開発だけでなく、いつでも出動できるように、メンテナンスやアップグレードを行う体制をつくっておくことが、ロボット開発と同じくらい大切なことです。そしてこれは、一企業の努力では達成できません。国による継続的な取り組みが強く求められるのは、そのためです。

「国プロ」から生まれた、2つの新しい技術

極限作業用ロボットの研究・開発（図2-5）から、新しい技術の芽が出てきたことは、「国

プロ」の一つの成果でした。

まずあげられるのが、**「ロボットの移動方式」に関する技術**です。

産業用ロボットと違い、極限作業用ロボットが活動する場所は、岩場、荒地、階段、段差、障害物など、移動路面が荒れていることが考えられます。そこで、平面ではない場所での移動方式の研究が行われるようになりました。

原子力格納容器内で作業を行う「脚」と「車輪」の複合型の移動方式ロボット「脚車輪型ロボット」が提案されたのも、このプロジェクトでした。現在、私が開発を進めている一人乗り車両（車椅子）であるＰＭＶ（Personal Mobility Vehicle）は脚車輪型ロボットですが、これは当時から研究が続けられている移動方式の一つです。詳しくは第６章でお話しいたします。

その他、このプロジェクトによって発展した基盤技術として重要なものは、**「テレイグジスタンス（遠隔臨場感）」**です。東京大学の舘暲《たちすすむ》名誉教授によって開発が進められました。これは、現在のバーチャルリアリティにつながる中核技術の中の一つといわれています。

例えばこのテレイグジスタンスを使ってロボットを遠隔操作することで、自分は離れた場所にいながら、まるで原子炉の中に入って作業をしているような状況を作り出すことができるのです。ヘッドマスクから伝えられる情報だけでなく、触覚にも作用するリアルなものです。自分の分身であるアバターを、コンピューター上のバーチャル空間に存在させる技術もテレイグジスタンスと関連があります。

科学万博-つくば'85で、TITAN-ⅣとWASUBOTが活躍

1985年に茨城県で開催された「科学万博-つくば'85（国際科学技術博覧会）」には、いくつかの興味深いロボットが登場しました。その一つが「TITAN-Ⅳ」（図2-6）（東京工業大学・三菱重工）。ヘビ型ロボットの研究で有名な東工大の広瀬茂男教授による、四足歩行をするクモ型ロボットです。脚の先の触覚（ヒゲセンサー）で自動的に障害物を感知して歩くことができるだけでなく、階段の上り下りも得意としていました。この「TITAN-Ⅳ」は、半年の会期中、3段の階段の上り下りを繰り返し、約40㎞を踏破しました。

「TITAN」シリーズはその後も研究が続けられました。1995年には「TITAN-Ⅷ」が「文部省重点領域研究」の普及ロボットに認定され、150万円で市販されました。2013年時点で「TITAN-ⅩⅢ」まで開発されています。

また、早稲田大学の菅野重樹教授の研究から生まれた「WABOT-2」（図2-6）をベー

図2−6 クモ型ロボットと人間型ロボット

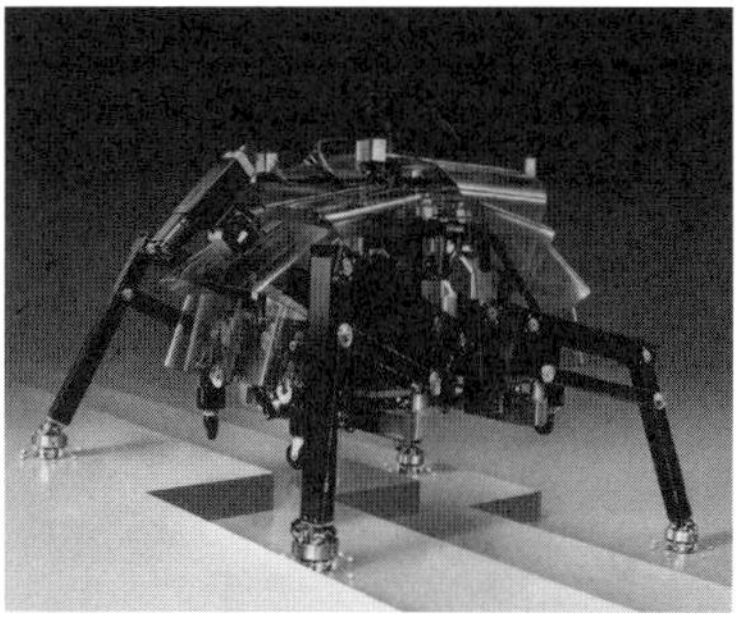

TITAN-IV
画像提供：東京工業大学名誉教授　広瀬茂男氏

WABOT-2
画像提供：早稲田大学次世代ロボット研究機構

スに住友電工が開発した「WASUBOT」は、開会式においてNHK交響楽団と「G線上のアリア」を演奏し、私たちを驚かせました。手と足を使って電子オルガンを弾く様子がテレビ中継されたのを見て、私も子供心にワクワクしたことを覚えています。

次章では「WASUBOT」の誕生にもつながる、日本のロボットの父と称される加藤一郎教授による、世界初の人間型ロボット「WABOT-1」(早稲田大学)から始まったヒューマノイドの歴史を辿っていきます。

第3章

夢の二足歩行ロボット

：第2次ロボットブームとその終焉（2000年～2010年初頭）

ヒューマノイドの開発がブームになった第2次ブーム

1991年前半にバブルが崩壊すると、産業用ロボットもその影響をダイレクトに受けました。1991年まで右肩あがりだった出荷台数は、92年には減少に転じます。設備投資の減少、円高による工場の海外移転に加え、多品種少量生産への対応のためのライン生産方式からセル生産方式[*1]への変化が、出荷台数の減少に追い打ちをかけました。そのため、人々の興味は発展しつつあったヒューマノイドへと移ることになりました。

一つのきっかけは、1996年に誕生したホンダの「P2」という、後の「ASIMO」につながるヒューマノイドでした。このブームの中で、一般消費者が手にできる小型のヒューマノイドも発売されました。しかしこれが、思わぬ結果をもたらしました。

高すぎる期待、イメージ通りに動かないヒューマノイドに対して人々は失望し、ブームはあっけなく終焉を迎えるのです。

*1　セル生産方式　各作業者、あるいは作業チームが、工具や部品が配置された場所(セル)で、製品組み立て工程を完成まで行う生産方式。ライン生産方式よりも多品種少量生産に適する。

図3-1 二足歩行のヒューマノイドP2

HONDA P2

時代はヒト型＝ヒューマノイドの開発へ

1996年12月、大学院生だった私は研究をしながら、なんとなくネットを見ていました。そこにホンダの「P2」(図3-1)の映像が飛び込んできました。後の「ASIMO」につながる2足歩行のヒューマノイド（人間型ロボット)です。

私は画面に釘付けになりました。「P2」の動きは、本当にすごかった。これまで見てきたヒューマノイドの歩行とは、レベルが違っていたのです。直進するだけではなく、向きを変えたり、階段を上り下りしたり……。歩き方がスムーズなだけでなく、色々なことを一遍にやってのけたのは、衝撃でした。まるで中に人が入っているかのような動きを「P

2」は見せてくれたのです。

私は当時から脚と車輪を併せ持つ移動ロボットの研究をしていましたから、「こんなにスムーズに二足歩行ができるなら、2脚以外の歩行なんて必要ないんじゃない?」と思ったのを覚えています。さらに、4脚と車輪の協調動作での移動がテーマの論文を準備していたため「自分の研究の価値はなくなったかも……」と修了できるか本気で心配になりました。

それだけ「P2」の誕生は大きな出来事でしたし、同時に「二足歩行ロボットが、本当に実用化できるのではないか」と夢を感じさせてもくれました。

私だけでなく、「P2」にショックを受けた研究者は実は多かったはずです。なぜなら、ホンダの「P2」は、これまでの研究とは「方向性」自体が違っていたからです。

私なりの結論を言えば、「P2」は「メカの勝利」、つまり技術力の勝利でした。同じ機械を徹底的に作り込む。それがホンダが行ったことだと思います。

ロボットの両輪、「ソフトウェア」と「メカ」

ここで簡単に、ロボットを理解する上で大切な、二つのことについてお話ししておきましよう。

ロボットにはまず体が必要です。機械である「メカ」の部分です。そしてそれを動かすには、「ソフトウェア」が必要です。人間に例えると、メカは骨格や筋肉、ソフトウェアは頭脳に例えることができます。

人間でも体育会系と頭脳系に分かれるように、ロボットもメカに強みを持つロボットと、ソフトウェアに強みを持つロボットに分かれます。余談ですが、今話題となっているＡＩ（Artificial Intelligence、人工知能）には体が必要ありませんから、ロボットの世界から見れば「究極の頭脳系＝ソフトウェア型」ということができそうです。

そして、ロボットをつくるとき、研究者・技術者によって力の入れどころが変わります。例えば「二足歩行させる」という目的を達成するために、メカとソフトウェアはもちろんどちらも必要なのですが、主に体を使って動かすか、頭を使って動かすか、という違いが出てきます。

大学という研究の場においては、どちらかというとソフトウェアの研究が中心となります。この傾向は、現在も変わりません。

「P2」は全てを搭載した自立型のロボットだった

「P2」は高さ1820㎜、質量210kgの「全てを搭載した自立型ロボット」でした。つまりバッテリーもソフトウェア装置も、全てロボットの内部に搭載され、ワイヤーなどで外側とつながっていないということです。部品の小型化・軽量化の成果です。

自立化ができた背景には、1980～1990年代にかけて、以下の要素技術の発展がありました。

- サーボモーター[*2]の小型高出力化
- 減速機の小型化と出力トルクの増大
- バッテリーの高エネルギー密度化
- センサーの小型、高精度化
- コンピューターの小型高性能化

つまり、「小さな部品で大きなエネルギー」を扱えるようになったのです。部品が小さいために、ロボットの中に部品が組み込めるようになり、さらにロボット自体のサイズを小さくすることにもつながりました。それまでは、ロボットの外からケーブルで電源を供給したり、コンピューターを外部に置いて信号を送ったりしていたのですが、自立化したヒューマノイドが実現できるようになったのです。

小さくても大きなトルクを出せるアクチュエーターと減速機が使えるようになったおかげで、人型というサイズが限定されたロボットの中にも組み込めるようになりました。「歩行」という非常に負荷がかかる動きに、小さな部品で対応できるようになったのです。

*2　サーボモーター　使用材料やつくりが吟味されていて、制御性能のよいモーターのこと。原理的には通常のモーターと同じ。

メカの力で歩いた、体育会系ロボットP2

さて、ロボットの研究者である私の目から見てホンダは、自動車メーカーらしく、ソフトウエア（頭脳）の研究よりも、メカ（機械）の作り込みを徹底して行いました。「ものすごいメカ」であることが、「P2」がスムーズに二足歩行できたポイントだったと思います。

実際、「P2」に至るまでにホンダは図3-2のように「E0」（1986）から「E6」（1993）まで、足ロボットである「Eモデル」を7台制作。その後、「P1」（1993）を経て、「P2」（1996）の誕生となるのですが、Eシリーズを見ると基本的な構造は見た目状

図3－2 足ロボットである「Eモデル」の進化

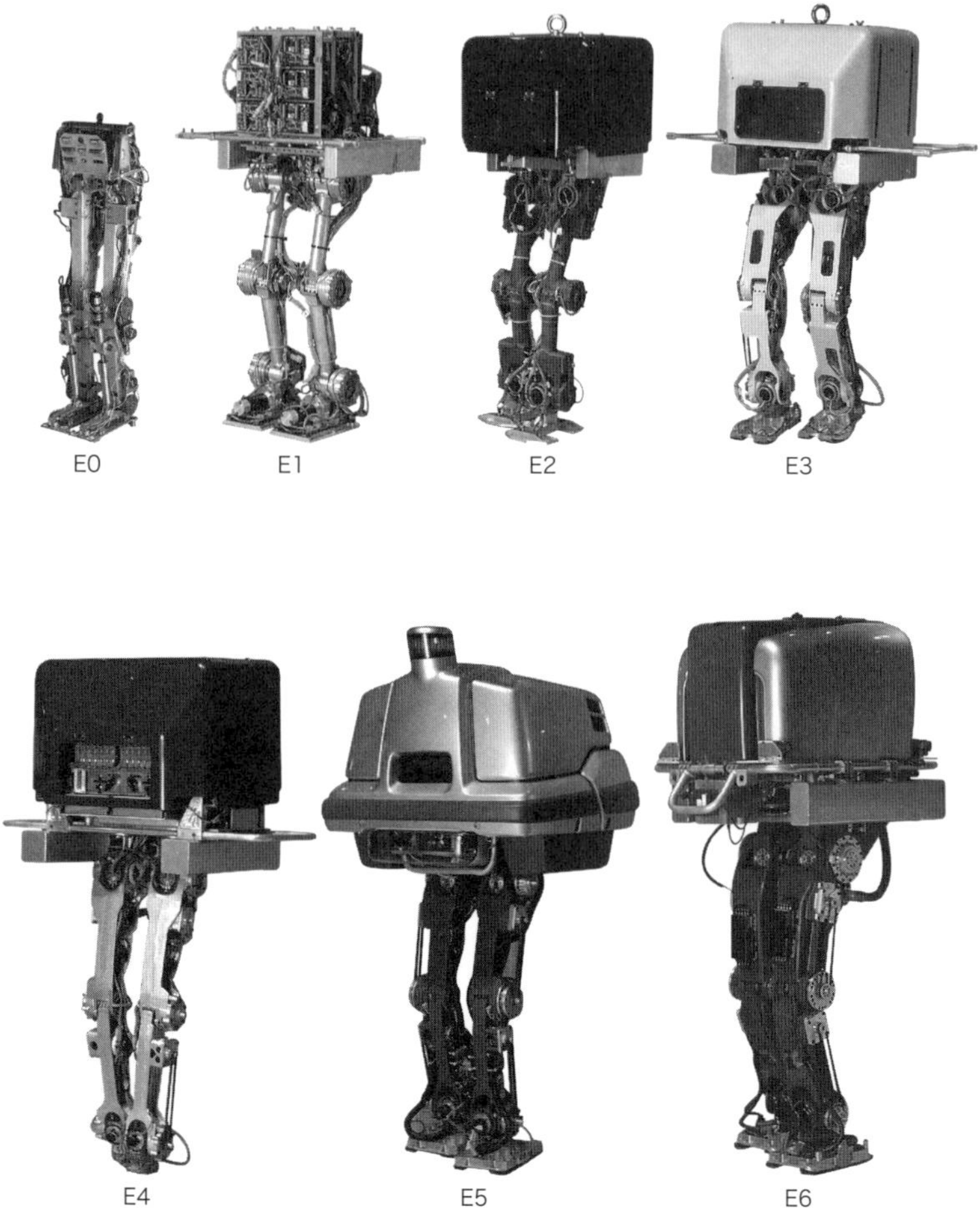

図3－3 HONDA P2からP3、そしてASIMOへ

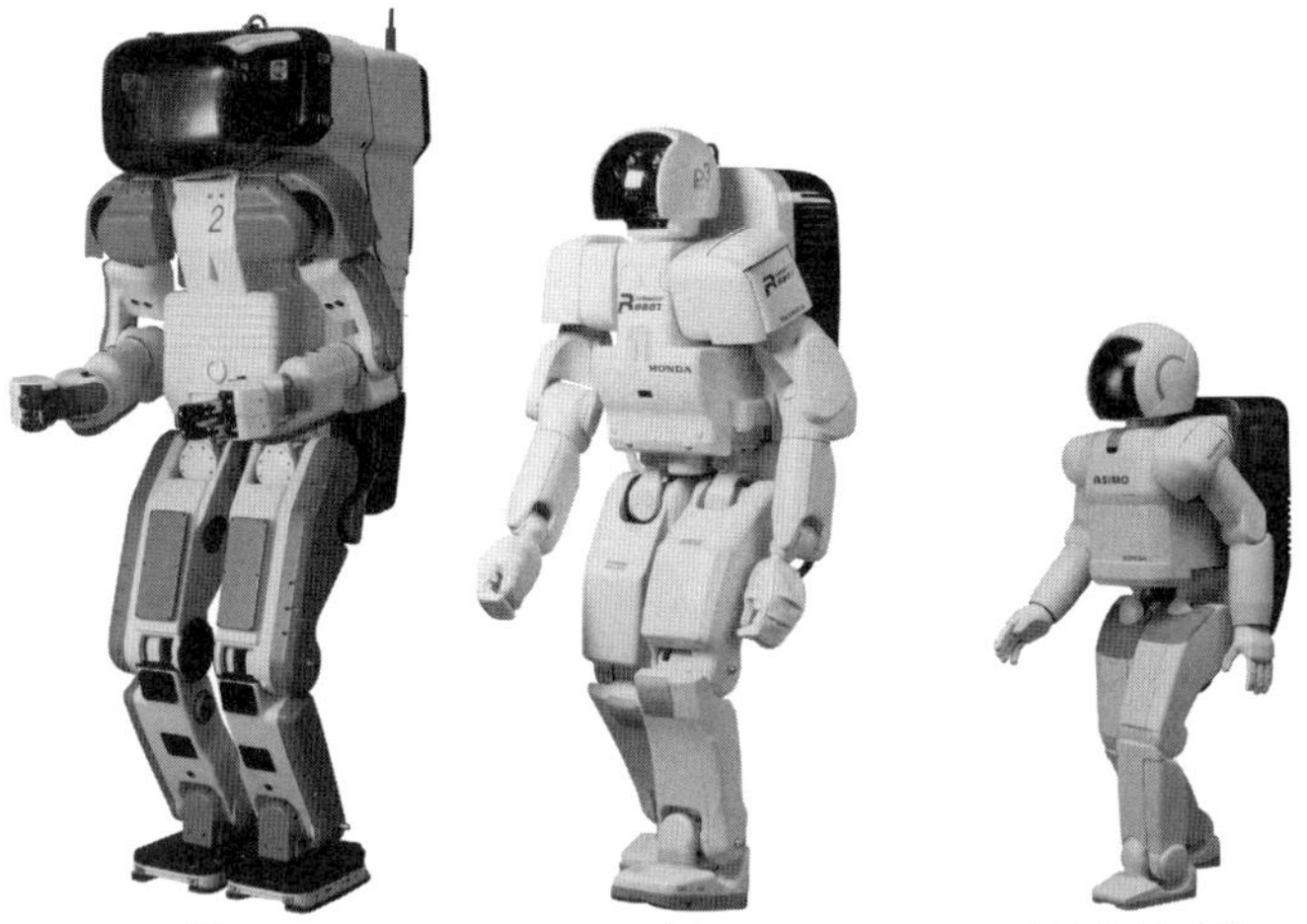

P2　　P3　　ASIMO（2000）

あまり変わっていません。ホンダは、10年という歳月をかけ、徹底的にメカの完成度を高めていく方法を取ったのだ、と研究者の私には思えました。

「Ｐ２」は、その後小型化・軽量化が進み、「ＡＳＩＭＯ」（２０００）に至っては、１２０cm、質量43kgになりました。１８０cmの大男から小学校１年生サイズにまで小さくなったのです（図３-３）。このような小型軽量化は、まさに作り込みの成果であり、生活空間で活躍する**身近なロボットを想像させるものになりました**。[*3]

*3　ＡＳＩＭＯの機能の追加については以下の通り。２０００年、ｉ-ＷＡＬＫと呼ばれる歩行の高機能化。２００２年、人の姿勢やしぐさを認識して自律的に行動する「人応答機能」の進化。２００４年「走行」、２００５年、手をつないで歩くなど「協調動作」。２００７年以降、飲み物を出したりなどというサービスも可能になり実用性が上がる。

世界初のヒューマノイドが早稲田大学で完成

ここで一度1973年に戻り、ヒューマノイドの誕生を振り返ってみましょう。

世界初のヒューマノイドは、1973年、早稲田大学から生まれました。加藤一郎教授による、「WABOT-1」(図3-4)です。手、足、視覚、音声の各システムが統合されたこのロボットは、音声による簡単な指示を認識することができました。また、カメラを用いた視覚システムで、目標地点までの距離や方向を認識して歩くことができました。このように様々な機能を統合して動かすことは、ロボットを制御する上での目標でもありました。

「WABOT-1」の歩行は「静歩行」という方法で行われました。これは、ブリキのおもちゃが、足を一歩一歩あげて歩くイメージです。重心が常に地面に接地した片方

図3-4 世界初のヒューマノイド

WABOT-1

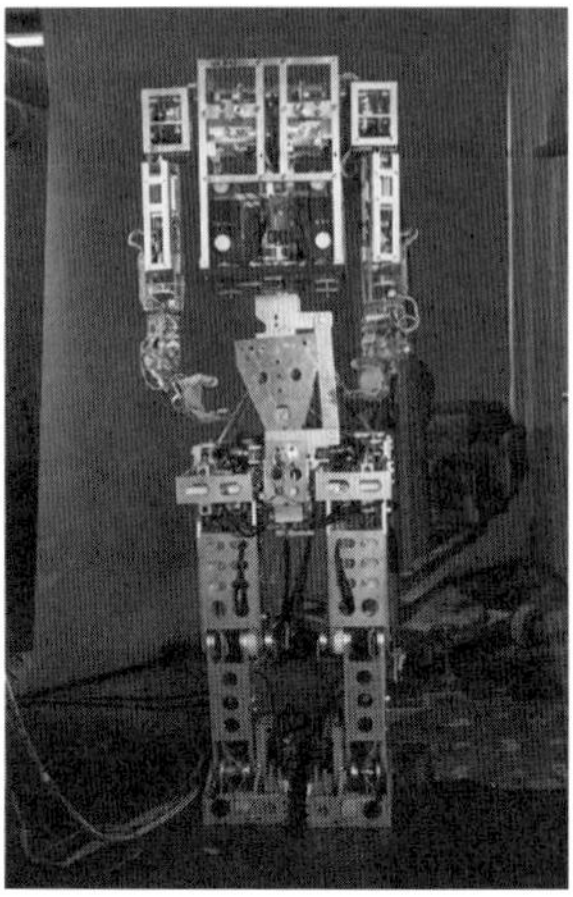

画像提供：
早稲田大学次世代
ロボット研究機構

WABOT-1

の「足裏の内部」にあるため、動作を止めても倒れないのが特徴です。しかし歩行速度が制限されるため、「WABOT-1」の1歩には45秒という時間がかかりました。

全体的に人間らしいロボットが生まれた後、人型としてのヒューマノイドの研究は一旦落ち着きます。次に研究者たちが注力したのは、「歩行」でした。腕から始まったロボットが、次に進化させたのは脚だったのです。

人間のように歩行できるロボットへ

1973年という早い段階で人型のロボットができたのに、研究者の興味が「脚」へ移ったのはなぜでしょうか？

初期のヒューマノイドは、実際には、腕や脚、センサーなどの各部分が、まだ完全に統合している状態ではありませんでした。そのため、全体的な人型ロボットができてみると、やはり「まだ各部分の研究が必要だ」ということがわかりました。人型ロボットを進化させるには、各パーツを強化しなければならないことが、明らかになったのです。

特に研究者たちの間で「人間のように歩かせたい」という思いは強かったため、二足歩行の研究が数多く行われるようになりました。

人型ロボット「WABOT-1」を発表した早稲田大学においても、歩行に焦点の一つを定め、足ロボットを使った研究が行われました。また、先ほどお話ししたように、ホンダも1986年から1993年にかけて、足ロボットであるEモデル（図3-2）を制作し続けています。アトム世代にとっても、私のようなガンダム世代にとっても、歩くロボットをつくることは大きな目標であり、夢でもありました。

その結果、80年代から90年代にかけては、ロボットにおける「歩行」研究が盛んに行われることになりました。

このような努力が実り、やがて歩行も「静歩行」から、人間と同じ「**動歩行**[*4]」のフェーズへと移ります。

私たちヒトが、意識せずに行っている動歩行がロボットにとって難しいのは、重心のスムーズな移動が必要だからです。つまり自律的に重心のバランスを取りながら歩かなければならない。これが開発においての難しさにつながりました。

世界初の動歩行を実現したのも、**早稲田大学**[*5]でした。1984年、「WL-10RD」（図3-5）が発表されます。この、歩行の実現に特化した腰から下のロボットは、人間と同じ動歩行で歩き、坂や階段も上ることができました。歩行速度は、1歩1・5秒とゆっくりですが、

図3－5 世界初の動歩行ロボット WL-10RD

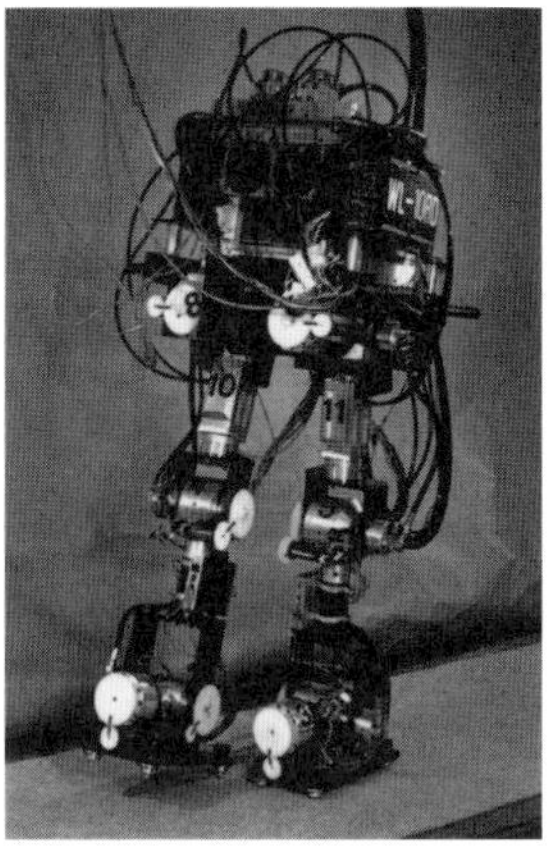

WL-10RD
出典：http://www.humanoid.waseda.ac.jp/booklet/kato_4-j.html

静歩行に比べ大幅に短縮されました。この時、ロボットの新しい歩行制御法である「ZMP（Zero Moment Point）[*6]」という概念が取り入れられたことも特筆すべきことです。これは力のつり合いだけを考える静力学ではなく、加速など動作速度の時間的な変化も考える動力学を考慮した歩行の制御方法で、「ASIMO」を含めた現在の二足歩行ロボットが採用しています。

そして、「WL-10RD」などの足ロボットは、次第に腰、そして胴体を伴った形へと変化していきました。人のように歩かせるためには、胴体を使ってバランスを取った方がうまくいくということがわかってきたからです。一度「足だけ」に戻ったロボットは、歩行のためにも胴体を必要とするようになりました。腕、足、そして胴体と、ロボットはパーツごとに進化し、結果として最終的に全体的なヒューマノイドとして成長をしていくことになったともいえるでしょう。

*4　動歩行　力のつり合いに加えて、体の勢いや運動量などの動的な効果もあわせて考慮した歩行。

＊5　早稲田大学の人型ロボット研究は〝ワセダロボットの歩み〟として以下にまとめられている。
http://www.humanoid.waseda.ac.jp/booklet/katobook-j.html#top
＊6　ZMP（Zero Moment Point）床面から受ける、回転させる力（モーメント）が0となる床反力の圧力中心のこと。胴体部などの動きを加えてZMPが足裏に入るように制御する歩行方法がZMP規範型歩行である。

ヒューマノイド型を対象とした国の支援

ホンダの「P2」の誕生は、国のプロジェクトの方向性をも大きく変えました。

1998年から行われた経済産業省の「人間協調・共存型ロボットシステムプロジェクト」は、当初、車輪型を含めた様々な形式のサービスロボットの実現を意図していたようですが、ヒューマノイド型への期待の高まりから、ヒューマノイドのみを対象としたHRPプロジェクト（Humanoid Robotics Project）となりました。5年間、46億円の新たな「国プロ」が始まりました。

このプロジェクトの第一段階では、ヒューマノイドロボットの活用方法を探ることも目標だったため、ゼロからヒューマノイドを開発するのではなく、すでにあるロボットを使うことになりました。そのプラットフォーム（標準機）の原型となったのはホンダの「P2」でした。このロボットを用いて、ヒューマノイドロボットに「何ができるか」を研究するのが目的で、設備の保守、警備、介護支援などが、その分野として指定されました。

プロジェクトの第二段階では、「HRP-2」[*7]（1540㎜、58㎏）が開発されました。「ヒューマノイドができそうなこと」として大きなものを人と協調して運搬する動作制御、転倒からの起き上がりなどが実現しました。その後、「実際の環境で働くための基盤技術」を開発するプロジェクト（2002年から5年間）が行われ、「HRP-3」（1600㎜、68㎏）が開発されます。

この頃にはすでに、産業用ロボットからサービス用ロボットへの模索が続けられていましたから、ヒューマノイドがその突破口になるのでは、という期待がありました。その期待がこのような大型のプロジェクトを支えていました。

しかし、人間と協調しながら複雑な作業を行うことができる、という可能性を示すことはできましたが、**これらのロボットが実際にサービス用ロボットとして使われるまでには至りませんでした。**

ちなみに、このプロジェクトあたりから、ロボットのデザインにも目が向けられるようになりました。「HRP-2」、「HRP-3」の外観デザインは、アニメ「機動警察パトレイバー」

のメカデザイナー出渕裕氏によるものです。

＊7　HRP-2は、川田工業、産業技術総合研究所、安川電機、清水建設の共同開発。

AIBOの誕生。時代を先取りしたオープン化戦略

世界初のエンタテインメントロボットとして発売されたのが、ソニーの4足歩行型ロボット「AIBO」(図3-6)です。1999年の誕生から2006年までに、15万台以上が販売されました。

「AIBO」は、「今ならもっと売れるのでは?」とささやかれるように、発売が早すぎた商品ともいわれています。私が「AIBO」にまつわる話の中で、「本当に早かった」と感じているのは、商品それ自体よりもその戦略です。

ソニーはこの「AIBO」の発売に合わせ、「OPEN-R」というアーキテクチャ、つまり開発用のプラットフォームを用意しました。この「OPEN-R」という「場」で、ハードウェアやソフトウェアの一部を交換することで、「AIBO」の機能や行動をユーザーが直接変更することができたのです。自由にカスタマイズすることや、自分が加えた変更を他の人とシ

図3－6 ソニーの犬型ロボットAIBO

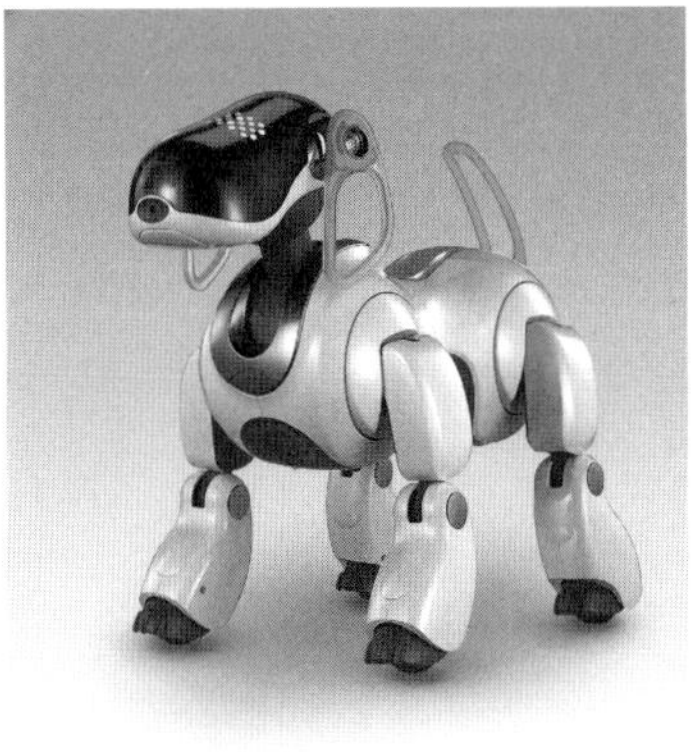
AIBO（2003）

AIBO（1999）

エアすることができるような設計がなされていたのです。

「AIBO」が「ロボカップ」の4足リーグのプラットフォームになり得たのも、ユーザーがプログラミングをしてサッカーをさせることができるという環境が整っていたからです。ちなみにロボカップというのは、「2050年、人型ロボットでワールドカップ・チャンピオンに勝つ」ことを目標に設定し、それを目指した研究開発の過程で生まれる成果を社会に還元することを目的とした大会のことです。ロボットのチーム同士がサッカーを行う際に必要な戦略アルゴリズム（人工知能）の開発がポイントの一つです。

この「OPEN-R」のオープン化の考え方は、時代の先を行っていました。というのはその後、ロボットの**ミドルウェア**[*8]である日本発の「**OpenRTM**[*9]」

や、アメリカ発の「ROS《ロス》*9」のように、ロボットのソフトウェアを世界に公開して誰でも使えるようにすることが一般的となったからです。

*8 ミドルウェア　WindowsやLinuxなどのコンピューターのオペレーティングシステム（基本ソフトウェア）とロボットを動かすための応用ソフトウェアの中間に位置して、両方をつなぎやすくするためのソフトウェアのこと。

*9 OpenRTMとROS（Robot Operating System）はどちらもロボット用ソフトウェアをコンピューター上で動作させるためのオペレーティングシステム。Windows上でいろいろなソフトウェアが動くように、OpenRTMやROS上でロボット用ソフトウェアを動かす。例えばROS用のソフトウェアは、ROSが動くロボットでソフトウェアを部品（モジュール）として使用できる。

どこまでオープンにし、どこまでクローズにするか

ソニーが先駆けて行っていたオープン化ですが、実はどこまでをオープンにして、どこまでをクローズにするかというのは、悩ましい問題です。

特許を放棄し、持っている技術をオープンにするのはなぜかというと、その世界での「**デファクトスタンダード**（事実上の標準である製品・規格）」となるためです。現在、ロボットのソフトウェアである「ROS」は、ほぼデファクトスタンダードとなりつつあります。

「特許をとって、皆にソフトウェアを売った方がいい（クローズにした方がいい）のではな

いか？」という意見もあるかもしれません。ただ、デファクトスタンダードとなった後に生み出すことができる利益に比べれば、特許の利益など問題ではありません。例えば私たちはＧｏｏｇｌｅの検索エンジンを無料でダウンロードし使用することができます。検索エンジンのデファクトスタンダードとなったことで、Ｇｏｏｇｌｅが日々生み出している利益を考えれば、なぜ企業がオープン化戦略をとるのかがわかっていただけるはずです。

私がデファクトスタンダードのすごさを身にしみて感じたのは、小学生の頃です。当時、たくさんのゲーム機が発売されましたが、私が持っていたのはセガでした。ところが気がつくと、周りの友達は皆ファミコンを使うようになっており、遊ぶ友達がいないということに。機種が違うと、カセットの交換ができませんからね。最初はほんの少しだったセガとファミコンの差が一気に広がり、ファミコンがデファクトスタンダードとなったのを、この時苦い思いとともに目の当たりにしたわけです。

デファクトスタンダードを取れば、それに付随する製品を売ることで利益をあげることができますし、その延長線上に、クローズにしたままの製品を売ることもできます。ロボットを商品化するにあたっても、どこまでをオープンにし、どこからをクローズにするかというのは、一つの大きな戦略となるはずです。

ＡＩＢＯは２００６年までの間に、音声認識、コミュニケーション機能、自己充電機能、留守番機能など、機能を拡張し続け、その後、惜しまれつつ製造中止となりました。

製造中止に関してソニーの広報は、「採算性が高く戦略的な成長が見込めるものに重きをおくために、ＡＩＢＯの製造中止を決めた」とのコメントを発表しました。15万台という数字では、事業として継続が難しかったということです。ちなみに、ソニーの「プレイステーション」は初代だけでも1億２００万台を売り上げています。

その後、２０１６年、ソニーは次の成長の柱を探し、ロボティクス事業に再参入を表明しました。そして２０１８年1月にＡＩＢＯの新型ａｉｂｏを復活させることになりました。しなやかな動きを実現し、ＡＩ技術を搭載した犬型ロボットａｉｂｏ。ＡＩＢＯで時代の先を行く戦略をとったソニーですから、今度はどのような世界戦略を携えているのか、期待が高まります。

愛・地球博をロボット万博に

ロボットの実用化、特にヒューマノイドに焦点を当てた試みは、万博にも見られました。

２００５年に開催された愛・地球博（２００５年日本国際博覧会）において、ロボットの実用化を目的とした「次世代ロボット実用化プロジェクト」が、**新エネルギー・産業技術総合開発機構（NEDO）**[*10]により行われました。これは「ワーキングロボット展」と「プロトタイプロボット展」の2つの柱で構成されていました。

ワーキングロボット展は、実用化が近いとされる5種類のロボットが、会期中、万博会場内で実際に活動しました。掃除ロボット、警備ロボット、接客ロボット、次世代車椅子ロボット、子供と話をするチャイルドケアロボットです。ALSOKは1982年から常駐警備の効率化のために警備ロボットの開発を行っており、この頃にはすでに警備ロボットを発売していました。

また、接客ロボットとしてココロの「アクトロイド」（図3-7左上）という、シリコンの肌を持ち、空気圧のアクチュエーターでなめらかな動きをする女性アンドロイドがあり、人々の注目を集めました。アンドロイドとは、人型ロボットのことであり、ヒューマノイドとほぼ同じ意味です。

プロトタイプロボット展は11日間だけ開催され、将来性のあるロボット65種類が全国から集まりました。当時有名なロボットが勢ぞろいしたお祭りといった感がありました。医療・福祉機器を開発するときに、身体への効果を人間の代わりに測定できることを目指した早稲田大学（「ＷＡＢＩＡＮ２」図３-７右上）、**インパクト動作**[*11]を可能にした東北大学、人とのインタラクションを行う奈良先端科学技術大学院大学などのヒューマノイドロボットがありました。実は約三分の一に当たる**20種類ほどが、分類として人型ロボットだったほど、ヒューマノイドは注目されていたのです。**

　現在医療機器として実用化されている、歩行を補助するロボットスーツ「ＨＡＬ®」（筑波大学、図３-７左下）も出展されました。

　私が驚いたのは、水陸両用のヘビ型ロボット「ＡＣＭ-Ｒ５」（図３-７左中）です。東工大の広瀬名誉教授により長く研究されてきたヘビ型ロボットの最新機でした。20㎝程度の胴体モジュール同士が連結され、その位置を変化させることで体をくねらせ移動します。水中での移動のために、６枚の板が等間隔で体を覆っていました。また、陸上での移動のために、その先端に受動車輪もついていました。巨大な水槽の中を悠々と泳ぐ姿は、強烈な印象を残しました。このような水陸両用のロボットは、災害時などでの活躍が見込まれています。

　私自身も「チャリべえ」（図３-７右下）というロボットの開発者として参加しました（研究代表者は東北大学の中野栄二教授）。脚と車輪を別々に持った一人用の乗り物です。脚と車輪の両方を使うことで、凹凸のある不整地や段差を移動することができました。この頃はまだ、周囲環境を測定するセンサー（外界センサー）の解像度や精度が低く、カメラで草地や

図3−7 愛・地球博で発表されたロボットたち

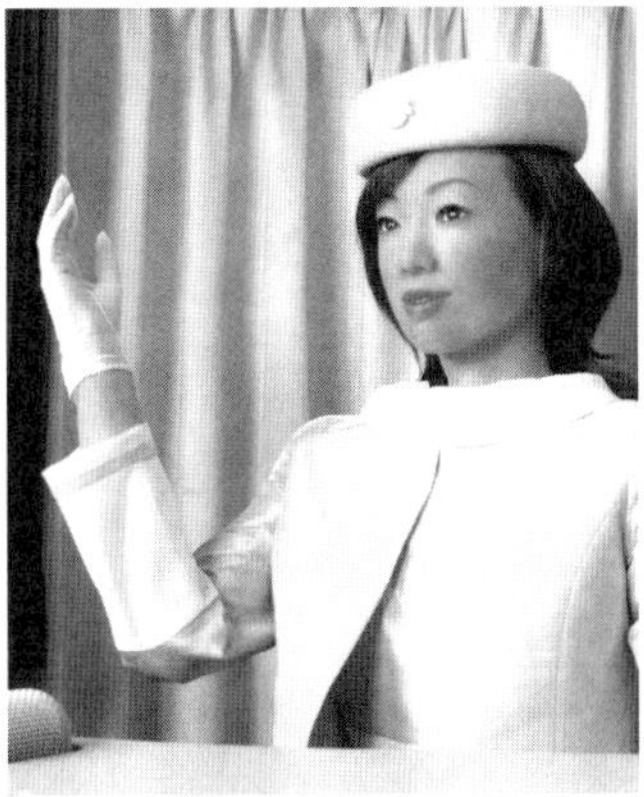

アクトロイド
出典:『愛・地球博　ロボットプロジェクトガイドブック』より抜粋

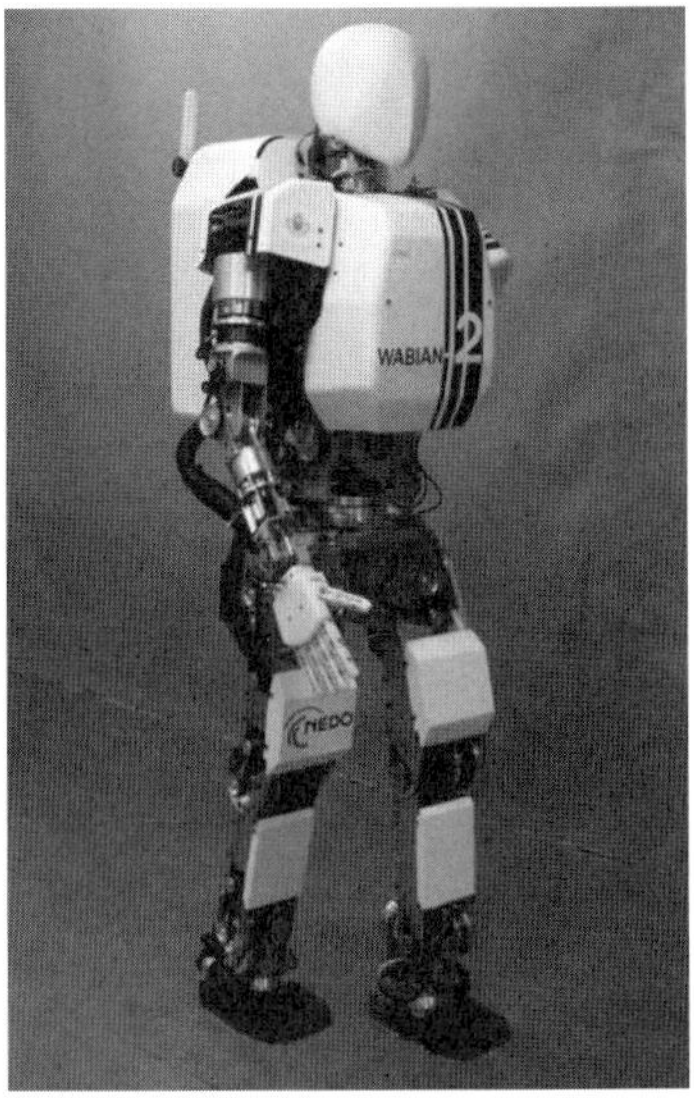

WABIAN2
出典:http://www.takanishi.mech.waseda.ac.jp/top/research/wabian/wabian2_2LL/wabian2_2LL_j.htm#top

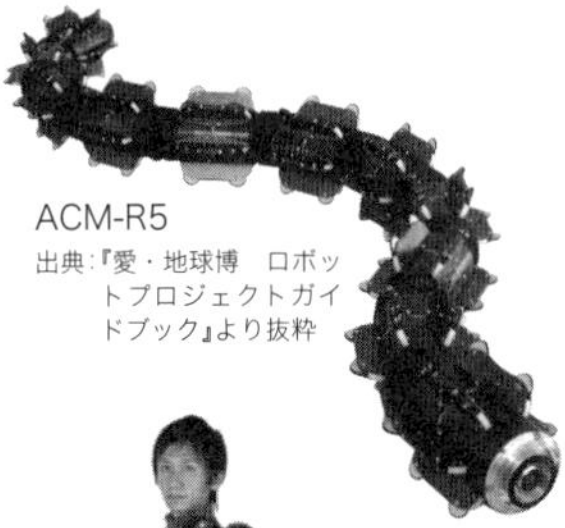

ACM-R5
出典:『愛・地球博　ロボットプロジェクトガイドブック』より抜粋

HAL®
出典:http://www.expo2005.or.jp/jp/T0/T9/T9.16/index.html

チャリべえ
万博会場で動作確認する様子

砂利道などの移動路面環境や、凹凸などの路面形状を確認しながらロボットを制御するということは、実用からほど遠いような状態でした。ですから、「チャリべえ」は、センサーを使わなくても、ロボットの「足探り」で歩いていけるような基礎的な移動技術の実現を目指していました。

*10 NEDO　国立研究開発法人であり、公的研究開発のマネジメントを行う。オイルショックを契機に新たなエネルギー開発の先導役として誕生した。その後、産業技術に関する研究開発マネジメント業務も行う。
*11 インパクト動作　瞬間的に力を出す動作のこと。例えば野球でボールを打つ瞬間、ぶれないように力をこめる感じ。

愛・地球博から火がついた「小さなヒューマノイド」

愛・地球博に登場したロボットは、その多くが文字通りプロトタイプであり、すぐにビジネスにつながるものではありませんでした。ただ、その中で出てきた答えの一つが、ホビー用の小型ヒューマノイドロボットでした。

これまでのヒューマノイドは研究用で、技術の複雑さや値段の面で、個人が手を出せるものではありませんでした。そのような中、近藤科学は愛知万博の前年に「KHR-1」[*12]という340㎜の小さなヒューマノイドを発売しました。

12万6000円で売り出されたこのロボットは、一般に手に入れることができる初めての

図3-8 現在の小型ヒューマノイド

RoBoHoN 出典：https://robohon.com/gallery/cafe.php

KIROBO
出典：http://robo-garage.com/prd/p_25

ヒューマノイドとなりました。これに続くように、小型のヒューマノイドの発売が相次ぎました。ホビー用途としてラジコンメーカーの京商から「マノイ」、ＨＰＩ社から「Ｇ-ＲＯＢＯＴＳ」などが発売され、また、研究用途として富士通研究所から「ＨＯＡＰ」シリーズ、**アルデバランロボティクス**[*13]から「ＮＡＯ」などが発売されたのです。

これらの小型ヒューマノイドは２００２年に始まった二足歩行ロボットの格闘競技大会である「ＲＯＢＯ-ＯＮＥ」でも使用されています。

同じ頃、ロボットクリエーターの高橋智隆氏は「ロボガレージ」(２００３)を設立。小型ヒューマノイドを連発して発表します。

２０１３年、「ＫＩＲＯＢＯ」(図3-8左)は

国際宇宙ステーションで宇宙飛行士とコミュニケーション実験を行い、2015年に帰還しました。2016年には、ロボット携帯「RoBoHoN」*14（図3-8右）を発表。格闘だけではない小型ヒューマノイドの新たな方向性を示しました。

*12 KHR-1　17の自由度（17個のモーター）を持つ身長340㎜の人型をしたロボット。自分のパソコンでロボットの動作をプログラムすることができた。KHR-2HV（2006）、KHR-3HV（2009）と後継機が続いた。

*13 アルデバランロボティクス　現ソフトバンクロボティクス。

*14 RoBoHoN　シャープとの共同開発。身長195㎜、体重390gのポケットに入れて持ち運べるロボット。ロボットの形をしたスマートホンでもあり、電話やメール、カメラ機能なども持ちながら、プロジェクターで映しだしたり、身振りなどの動作をすることもできる。

研究用の小型ヒューマノイドがロボットの応用研究につながる

小型のヒューマノイドは、研究にも貢献をしてくれました。ロボットには市販されるものとは別に、研究用途に限定して販売される機種があります。市販品と比べると価格は上がるのですが、拡張性がある、パワーがある、処理能力が高い、プログラミングできる開発環境が整っている、などが特徴です。

ヒューマノイドの研究をする場合、ソフトウェアの研究を中心としたい研究者も多いため、そこにはニーズがありました。つまり、体であるハードウェアと、ある程度の基本動作がすでにプログラミングされているソフトウェアをセットで購入できると、すぐに自分の研究に入ることができるからです。

ロボットと人とのコミュニケーション、ジェスチャーなどの分野は、それまでコンピューターの中だけで検証が繰り返されてきましたが、研究用のヒューマノイドが市販されていると、実際のロボットを使いリアルな環境で研究ができるようになるのです。

そのような要望に応えて、富士通研究所では「ＨＯＡＰ-１」（２００１）、「ＨＯＡＰ-２」（２００３）、「ＨＯＡＰ-３」（２００５）と研究用途の小型ヒューマノイドを次々と開発しました。また、ソフトバンクが買収したフランスのアルデバランロボティクスは、「ＮＡＯ」というヒューマノイドの開発をしていた企業ですが、この「ＮＡＯ」も研究用途に広く使われていました。

小型ヒューマノイドが市販されるようになったことで、一般の人がロボットに接する機会が増えました。また、ソフトウェアの研究開発に貢献することにもなりました。しかし、「市場が爆発する」、つまり、誰もがヒューマノイドを欲しがるという状況にはならず、ロボットに対する期待にも変化が見え始めました。

この期待の変化は、82ページでお話ししたＨＲＰプロジェクトにも影を落としました。「国プロ」としてのＨＲＰプロジェクトは「ＨＲＰ‐３」以降は続かず、終了したのです。ただし、産業技術総合研究所（産総研）は、ＨＲＰシリーズを独自に作り続けヒューマノイドの応用可能性を探ります。

２００９年に産総研が発表した「ＨＲＰ‐４Ｃ」は、これまでとは見た目がガラッと変わったために、私たちを驚かせました。いきなり女性になったのです。身長１５８㎝、体重43㎏。愛・地球博で女性の接客ロボット「アクトロイド」に使われた技術も用いられました。

この「ＨＲＰ‐４Ｃ」の動きを見たときには、正直「すごい」と思いました。かなり人間らしく歩くことができたからです。ちょっとフィギュアっぽい４Ｃは、「第13回東京発　日本ファッション・ウィーク」にも出演し話題となりましたが、「サービス用ロボットを開発したい」という流れの中において、本流にまではなりませんでした。

ＨＲＰプロジェクトが当初目指していた「人型ロボットだからこそ必要で、普及する」というシナリオが思ったように進まず、ヒューマノイドの必要性に疑問符がつき始めたのも、この頃です。世間のヒューマノイドへの期待は、だんだんと薄れていきました。

人間型ロボットの限界

小型ヒューマノイドが販売され、一般の人が手にするようになったことは、プラスの側面がある一方で、ロボットへの期待が大きくしぼむことにもなりました。

小さなヒューマノイドが販売された当初、ユーザーは「こんな風に動かしたい」「こんな作業をさせてみたい」と、色々と期待をしていました。しかし、実際には歩かせるので精一杯、というケースが多かったのです。少しプログラミングなどを頑張れる人は、ROBO-ONEなどで格闘をさせることができましたが、なかなか複雑なことをさせられません。

そのため「この程度じゃ、仕事なんてできないよね」「期待外れ」というネガティブな印象が、一般消費者に広がっていきました。ロボットを作っている側からすれば、人間のような仕事をするだけの実力がまだまだないことは、もちろんわかっていましたから、この流れは残念としか言いようがありませんでした。

この時点でのヒューマノイドが、なぜ人々の期待に応えられなかったのか、そしてなぜブームに終焉がきたのか、私なりにいくつか理由をあげてみます。

人々の過大な期待

まず、いちばん大きなものが「ロボットへの期待が大きすぎる」ということです。

人型をしているというだけで、私たちは「人レベル」の作業ができることを無意識のうちに期待してしまいます。しかし、ロボットができることは非常に限られていますから「それしかできないの?」「そんなこともできないの?」となってしまうわけです。

例えば、コピー機がコピーしかできないからといって、がっかりする人はいませんが、ヒューマノイドが一つのことしかできないと（歩くだけなど）、ひどくがっかりされることになります。ヒューマノイドはどうしても比較の対象が「人」になってしまうため、人型をしていると「なんでもできるはずだ」と、私たちはつい思ってしまい、その期待が達成されないためにがっかりしてしまうのです。

また、人間と同じように動かすためには、要素部品の開発がさらに必要だということです。人間は自然に、歩くときには比較的ゆっくりで小さな出力、ジャンプするときには瞬発的に大きな出力、といったように、脚の動きを調整できます。

しかし、ロボットはそのような調節ができません。関節に搭載されている減速機もずいぶんと小型高性能になってきたものの、減速比を必要に応じて、自動で滑らかに切り替えられるような機能は、今のところありません。

また、要素部品が発展し、ロボットが高性能になったとしても、思ったように使い切ることができるかはまた別の問題です。例えばデジカメでいえば、プロの写真家が使うのと変わらないスペックをもったカメラが一般でも使われていますが、その中にある機能を使いこなせている人は、ごくわずかだと思います。いつも「オート」で撮影するだけという方も多いでしょう。私もそうです。あれこれ設定しても結果的にオートの方がよかったという場合も多々あり、なかなか性能を引き出せません。

さらにロボットには、プログラミングという問題がついてまわりますから、デジカメよりもさらに使いこなすのが難しいことを考えると、それを補うだけのサポート体制が必要になることが予測できます。

ロボットとオペレーションの問題

ロボットにはサポート体制、つまりオペレーションも大きな問題です。

機械というのは、そもそも思ったようには動きません。皆さんの会社にあるコピー機も、業者の人が定期的なメンテナンスや修理に来ているはずです（そういったオペレーションを含めて、コピー機の契約をしていますよね)。

コピー機のように移動しない機械でも、それだけ頻繁なメンテナンスが必要なのですから、移動するロボットとなれば、スムーズに動くのにどれだけのメンテナンスが必要か、ご想像いただけるはずです。

記者発表やプロモーションビデオに上がるヒューマノイドは、その直前までプロの技術者たちがメンテナンスをしています。また、「段差がない」「滑らない」など、会場の環境も整えておきます。そういったお膳立てがあって初めて、私たちの前で完璧な動きを見せてくれるのです。頻繁なメンテナンスを行わない普段使いのロボットが、期待するほどうまく動かないのは、当然のことなのです。

このように見ていくと、「ロボットに仕事が奪われる」という話は、私にはずいぶんと先のことのように思えます。その前に、超えなければならないハードルがまだまだ続いているからです。

そして、このようなヒューマノイドに対する疑問から、一つの新しい方向性が生まれます。それは、ヒューマノイドのように「なんでもできるロボット」ではなく、何か「一つのことができるロボット」への転換です。2010年に入り、時代は単機能ロボットへと移り変わります。現在の私たちは、この流れの中にいます。このような視点を持つと、ルンバやドローンが使われ出した理由がはっきりと見えてきます。

第4章

時代は「単機能ロボット」へ

――第3次ロボットブーム(2010年代～)

使えるロボットの模索～第3次ロボットブーム

２０１１年に起きた東日本大震災は、ロボット界へも大きな影響を及ぼしました。原発事故にすぐに投入できるロボットを用意できなかった反省から、目的を明確化した単機能ロボットに注目が集まります。また同時に、災害現場で使えるタフさも求められるようになりました。

サービスロボットの実用化も本格的に始まっています。ロボットの市場を作るためには、国をあげての国際標準の取得など、技術以外の分野でも戦略が必要となっています。

夢からリアルなロボットへ

私が「ロボットを作っている」という話をすると、ヒューマノイドを作っていると勘違いされるケースが多々あります。私の専門は「移動ロボット」で、現在は階段を含めたあらゆる段差に対応するロボットを開発、研究しています。

それは、脚で歩くような機能も持つ車輪型ロボット、人が乗れるロボット車両なのですが、この一人乗り車両（PMV：Personal Mobility Vehicle）は、簡単に言えば「ロボット車椅子」であり、「人の移動手段」という一つの目的に絞った「単機能ロボット」です。

現在は、このような「単機能」という方向にもロボットの開発目的が広がってきています。

さらに、もう一つ大きな特徴をあげるとすると、それは「タフ」であること。

これらは特に2011年3月に起きた東日本大震災の反省から生まれたキーワードです。複雑すぎて使えない、環境に依存する、すぐに動かなくなるといった、今までのロボットの弱点を克服するために、目的を明確化した「単機能」で、「タフ」なロボットが注目を浴びるようになってきたのです。

東日本大震災で浮かび上がったロボットの課題

２０１１年3月、東日本大震災が発生しました。

当時私は千葉工業大学に勤務しており、仙台の実家へ連絡をしようとしましたがなかなか電話がつながらず、不安な気持ちでいたところに、福島第一原発の一報が入りました。

そして、その解決のために、ロボットに白羽の矢が立ったのです。

しかし、そこで最初に原発に投入されたのは、残念ながら日本製のものではなく、アメリカ製のロボットでした(図４-１)。

最初に投入されたのは、上空からの目視調査のためのロボットである「Ｔ-Ｈａｗｋ」(図４-２左)(Ｈｏｎｅｙｗｅｌｌ社)と、内部の状況確認、放射線測定を目的とした「Ｐａｃｋｂｏｔ」(図４-２右上)(ｉＲｏｂｏｔ社)です。その2カ月後には障害物除去のために「Ｗａｒｒｉｏｒ」(図４-２右下)(ｉＲｏｂｏｔ社)が用いられました。ｉＲｏｂｏｔ社というと聞いたことがある人も多いかもしれません。そう、「ルンバ」の会社です。ｉＲｏｂｏｔ社は、今は家電ロボットが中心事業ですが、実は軍事用ロボットも開発していたのです。

「Ｐａｃｋｂｏｔ」は、実際に戦地で使われていたもので、非常に頑強にできています。例えば誰か潜んでいそうな家や洞窟などに、外側から兵士が「Ｐａｃｋｂｏｔ」を思い切り投げ込

図4-1 福島第一原発に投入されたロボット（事故当時に投入されたもの）

2011年4月	アメリカ製	T-Hawk（上空より目視調査）、 Packbot（目視調査、放射線測定）
2011年6月	アメリカ製	Warrior（障害物除去）
2011年6月	日本製	Quince（階上階調査）

図4-2 福島第一原発に投入されたアメリカ製ロボット

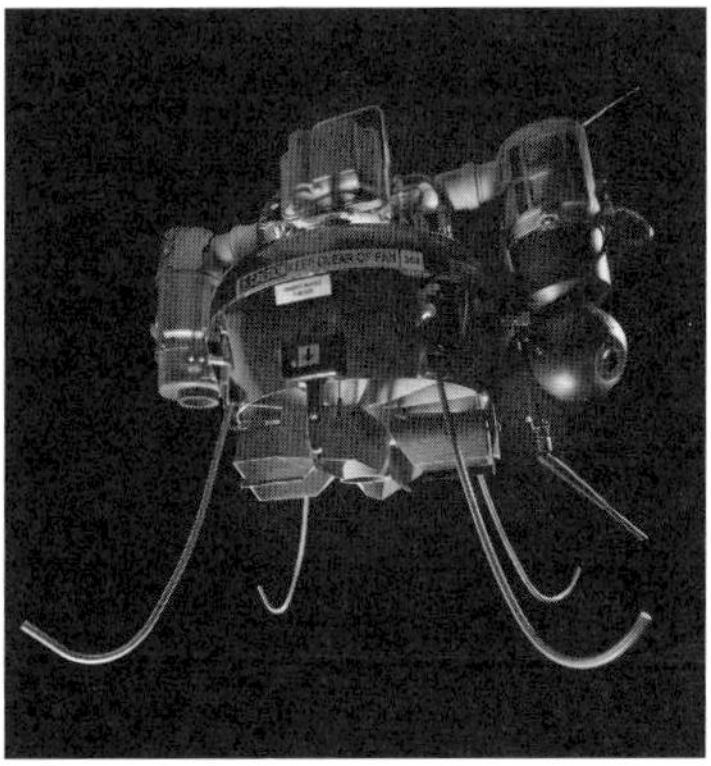

RQ-16 T-Hawk
（米国 Honeywell International社）

Packbot 510（米国iRobot社）

Warrior 710（米国iRobot社）

出典：https://airandspace.si.edu/collection-objects/micro-uav-honeywell-rq-16-t-hawk（左）
https://spectrum.ieee.org/automaton/robotics/industrial-robots/irobot-sending-packbots-and-warriors-to-fukushima（右上・右下）

みます。それから、遠隔操作でその中を偵察させるのです。高いところから落ちても、水に濡れても、投げても壊れない。過酷な状況で使うことを前提に作られたロボットですから、原発にすぐに投入することができました。

実は、**日本ではそもそも、大学などが軍事用のロボットを研究することができませんから、戦場で使うという想定がありません。**[*1] ですから、実戦を見据えた「タフさ」が、日本のロボットにはありませんでした。

また、原発事故の時に話題となったのが、無線LANが使えない、ということでした。日本のようにネットワーク環境がいいところで動かしているロボットは、無線LANなどのネットワーク環境を使うことが前提となっており、広範囲にわたる場所で有線のケーブルをつけたままからまずに使用できるようにすることが考えられていなかったのです。

原発事故の時には、無線LAN環境が失われる、原子炉の中まで電波が届かない、放射能が邪魔をするなど、日本のロボットを動かす環境は完全に失われていました。

2011年6月に千葉工業大学のロボット「Quince」(図4-3) が投入されましたが、発生から数カ月という時間は、放射能がある中で壊れないようにする、あるいは、巻き取り

図4−3 福島第一原発に投入されたQuinceロボット

Quince
出典：http://www.furo.org/ja/robot/quince

器を持った長い有線ケーブルの追加など、対環境性能を向上させることに使われていたのです。ただ、この「Ｑｕｉｎｃｅ」が、他のロボットが上れなかった2階にも上ることができたのは、一つの成果でした。

このような経験から、現在のロボットが目指す方向性の一つが、確実に動く「タフさ」になったのです。現在、災害時にも使えるロボットを開発するために「革新的研究開発推進プログラム（ＩｍＰＡＣＴ）」で行われているプロジェクトが「タフ・ロボティクス・チャレンジ」です。２０１４年から5年間、35億円相当の予算を取って、東北大学の田所諭教授が中心となって行っています。

また、ヒューマノイド活用の可能性も再び

議論されることとなりました。原発に限らず、あらゆる施設は人間が働くことを前提に作られています。そういった意味で、ヒューマノイドであれば人間と同じように働けるのではないかと考えられているのです。

そこで行われたのが、DARPA[*2]の国際競技会「ロボティクスチャレンジ」です。

*1 日本の各大学は、「日本学術会議」から出される方針に従っている。そこでは、ロボットの軍事研究をしないことが方針としてうたわれている。

*2 DARPA（Defense Advanced Research Projects Agency） 米国防高等研究計画局。

タフさを競ったDARPAの「ロボティクスチャレンジ」

東日本大震災を受けて、災害用ロボットの研究をしようという気運がまた高まりました。以前は、阪神・淡路大震災でレスキューロボットの研究開発に火が付いたという経緯があります。

2013年には、米国防総省と経産省で『『人道支援と災害復旧に関するロボットの日米共同研究』に関する合意書』が交わされ、それに基づき、「災害対応ロボットシステムの研究開発・実証プロジェクト」（2014-2015）がスタートしました。

アメリカ側の背景としては、ボストン・ダイナミクス社の4足ロボット「BigDog」（図

図4-4 倒れない！　4足ロボットと人型ロボット

BigDog
出典：https://www.bostondynamics.com/bigdog#&gid=1&pid=1

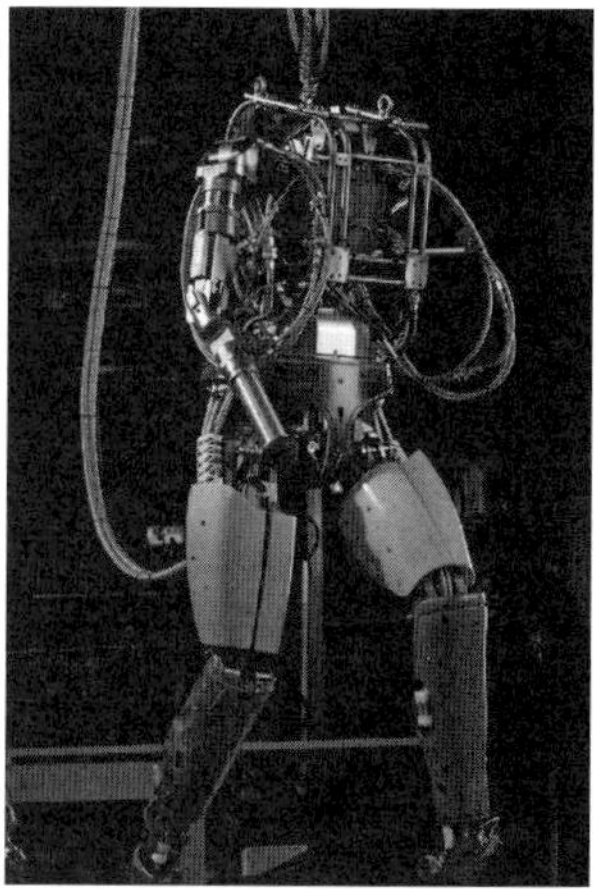

Petman
出典：『日本ロボット学会誌　Vol.30』

4-4左）が荒れた路面での移動能力を進化させ、それに続く人型ロボット「Petman」（図4-4右）などが開発されている時期でした。「BigDog」は思い切り蹴っても倒れないというタフさを持っており、アメリカでは脚を使ったロボットに対する期待が上昇している時期でした。

DARPA「ロボティクスチャレンジ」では、**日本からは、4チームが本大会に出場しました。**[*3] **そのうち2チームがベースとしたロボットはHRP-2でした。**[*4]

競技は、原発などのプラントメンテナンスや災害時対応を想定し、

・運転して、降りる

・ドアを開けて建物に入る
・壁に道具を使って穴をあける
・瓦礫を移動する

など、8種類の内容が選ばれました。原発などのインフラは人間が作業することを前提に設計されているため、そのような場所では、人型ロボットだからこそ高い作業能力を示し、活躍できるのではないか、そんな狙いがこの大会にはありました。

理論優先だったロボットの研究が、実践（それも過酷な場面）で使えるロボット研究に変化してきたのです。

この大会の標準機となったのがボストン・ダイナミクス社の人型ロボット、「Ａｔｌａｓ」です。これは、「Ｐｅｔｍａｎ」と、当時別に開発されていた「Ａｔｌａｓ」の二つを原型としたものです。

この大会用「Ａｔｌａｓ」は、二足歩行のヒューマノイドで、油圧式アクチュエーターを持っています。一番の特徴はそのタフさです。

これまで二足歩行のヒューマノイドというと、現場の感覚としては「確実に動く」という感じはありませんでしたが、「Ｐｅｔｍａｎ」には信頼性が感じられました。そのため、大会標準機の原型に選ばれたのだと思います。

ロボティクスチャレンジは、目指したゴールのレベルが高かったため、実は、その1年半くらい前にトライアルという予選が開かれました。本戦に類似した内容で、2013年12月に行われました。そこで圧倒的な強さを見せたのが、東京大学発のベンチャー「SCHAFT」(シャフト)が開発したロボットS-Oneでした。「東大」として出場できなかったのは、DARPAを主催しているのが米国防総省だからです。先ほど述べたように、軍事につながる研究を大学の名前ですることはできません。また、国内での資金調達も思うように進まず、資金難に陥っていたところ、そこに手を差し伸べたのがGoogleでした。SCHAFTは、予選でトップとなりつつも、結局、本戦には出場しませんでした。

*3 日本からは、5チームが本戦にエントリーし、1チームが棄権のため4チームが本大会に出場した。HRP-2を改良して出場した産総研の10位が最高位。予選のSCHAFTの事例を踏まえたのか、本戦では大学など国の機関の出場が可能となった。

*4 大会参加者は、標準機を使うことも、自分のロボットで参加することもできた。

SCHAFTが持つ驚きの技術「ウラタ・レッグ」

ＳＣＨＡＦＴのコア技術の一つは、「ウラタ・レッグ」と呼ばれる「蹴っても倒れない」技術でした。仕組みを簡単に言えば、モーターと冷却装置との組み合わせで、最大限に性能を生かせるようになった歩行の制御技術の一つです。

通常、モーターに大きな電流を流すと、一気に熱くなるため絶縁体が破壊され、ショートします。それを回避するために、冷却装置をうまく組み合わせ、モーターが熱くならないようにするのです。これまで培われてきた要素部品の技術に関して、独自のやり方で組み込んだのが「ウラタ・レッグ」でした。この方法でモーターの性能を今まで以上に引き出すことができるようになりました。

ＳＣＨＡＦＴが出場しなかった２０１５年の本戦で、１位となったのは韓国チームのＫＡＩＳＴ（カイスト）でした。日本でいう産業技術総合研究所にあたる国の研究機関です。アジアの中では、韓国、中国、台湾もロボットに力を入れています。

余談ですが、ＤＡＲＰＡはこれまでも様々なプロジェクトを行っており、その中でも現在のロボティクスの発展に大きく貢献しているのが、自動運転プロジェクトである「ＤＡＲＰＡ

グランドチャレンジ」(2004、2005)と「DARPA アーバンチャレンジ」(2007)です。アメリカの砂漠を自動運転するところから始まり、3回目となるアーバンチャレンジでは、市街地を想定したコースが使用されました。2007年当時、自動運転はそれほど注目を浴びていませんでしたが、10年を経過した現在の盛り上がりを考えると、**DARPAが仕掛けたプロジェクトの影響力を強く感じることができます。**[*5] そういった意味において、被災施設というタフな環境で使用するロボットの開発・研究を目指して行われたロボティクスチャレンジの成果は、もしかすると数年後に、はっきりと見えてくるかもしれません。

*5 2005年のグランドチャレンジで優勝したスタンフォード大学のチームリーダーSebastian Thrunが、Googleの自動運転車を開発した。

本格的なロボット活用に向けたベンチャー企業の取り組み

ヒューマノイドに関心が集まっていた2000年前後には、ヒューマノイドに関連した多くのプロジェクトやビジネスがスタートしました。ヒューマノイド開発には、人型ロボットに組み込めるサイズの「組み込み用コンピューター」や「組み込み用インターフェース基板」など、特別な要素部品が必要で、その開発のためにベンチャー企業も多く立ち上がりました。

Japan Robot Week[*6]、CEATEC JAPAN[*7]、**国際福祉機器展**[*8]などの大きな展示会や学会の大会での企業展示などで、各ベンチャー企業の広報活動を実際に見てきましたが、2005年前後の「初めの波」の後にやってきた2010年ごろの少し冷えた時期を辛抱し、2015年以降はまた勢いに乗り始めた感があります。その過程でヒューマノイド色の強かったベンチャー企業の事業内容も、各社の強みを活かした「ロボティクス応用システム」へと発展しています。このような部分にも「単機能」への流れを見ることができます。

例えば、2000年に設立されたヴイストンは、ロボカップで培った小型二足歩行ヒューマノイドの技術をベースに、教材、研究用ロボットを開発。全方位ミラーに周囲の風景を反射させる全方位センサーも、中心的な商品の一つです。また、「使える　使い続けられるロボットを提供する」が経営理念のイクシスリサーチ（1998）は、ロボット要素技術のモータコントローラボードやモータドライバボード、センサーなどをベースにビジネスを行い、現在はインフラ点検用のロボットの開発に取り組んでいます。また、**小型ヒューマノイドの開発をしていたZMP（2001）は、現在ではセンサーを手掛けながら自動運転分野へと拡大しています**[*9]。

*6　Japan Robot Week　サービスロボットやロボット関連技術の専門展。2年おきに開催され、「国際ロボット展」が開かれない年に開催される。

＊7　CEATEC JAPAN　テクノロジーを中心とした市場創出のためのイベント。
＊8　国際福祉機器展　日本発の福祉機器の国際展示会で、アジア最大。介護ロボット、福祉車両まで世界の福祉機器が集う。
＊9　ERATO北野共生システムプロジェクト（現・科学技術振興機構）で生まれた小型ヒューマノイドPINOにおいてCPUモジュールなどを開発。社名のZMPは、ロボットの歩行制御法Zero Moment Point（81ページ）からきている。

サイボーグ型「HAL®」の成功

産学連携がうまくいったケースとしてあげられるのが、サイボーグ型ロボット「ＨＡＬ®」（Hybrid Assistive Limb）です。筑波大学発のベンチャー企業、サイバーダイン（２００４）により発売されました。

「ＨＡＬ®」は体に装着して使うロボットスーツです。動かしたいという脳からの信号が筋肉に送られ、その際に皮膚に漏れ出る生体電位信号をセンサーで感知し、動きをアシストするものです。

「ＨＡＬ®」は愛・地球博にも出展されていましたが、この頃はヒューマノイド全盛ということもあり、「機械だけで自律的に判断し動くこと」が重視されていたため、アシストスーツのように「頭は人間」というロボットは、あまり注目されませんでした。

現在では、「ハイレベルな部分の判断は人が行い、パーツに近いほうの判断を機械に任せる」というのが現実的な解だといわれるようになってきています。例えば「歩く」という大元の判断は人間がし、その動きを腰や脚において「HAL®」がアシストするという形です。

「HAL®」が成功した要因を説明するために、いくつかある「HAL®」の中から二機種を取り上げてお話しします。まずは、作業中の腰にかかる負荷を減らす「HAL®作業支援用（腰タイプ）」（図4-5左）です。国が主導し、国際規格づくりから関与しました。

ISO13482[*10]は、2014年にISOから正式発行された「生活支援ロボットの安全性」に関する唯一の国際規格ですが、日本の産業技術総合研究所が草案づくりから関わりました。ISOの取得が重要なのは、その安全性を示すことができるからというだけではありません。製品を海外で売るための大きな足がかりとなるからです。

ヨーロッパのように、様々な国が国境を越えて製品を売る市場では、その製品がEU（欧州連合）加盟国の規格に適合していることが求められます。そして、その規格に適合している製品に付与されるのが「CEマーク」です。CEマークを自社の製品に付与するためには、企業自らの責任で欧州の規格に適合していることを立証する必要があります。ISOの取得は、その説明の一端を担うこととなり、CEマークを取得する上で非常に有利となります。

実際に「HAL®作業支援用（腰タイプ）」は、2014年11月にISO 13482：

図4－5 HAL®作業支援用（腰タイプ）とHAL®医療用（下肢タイプ）

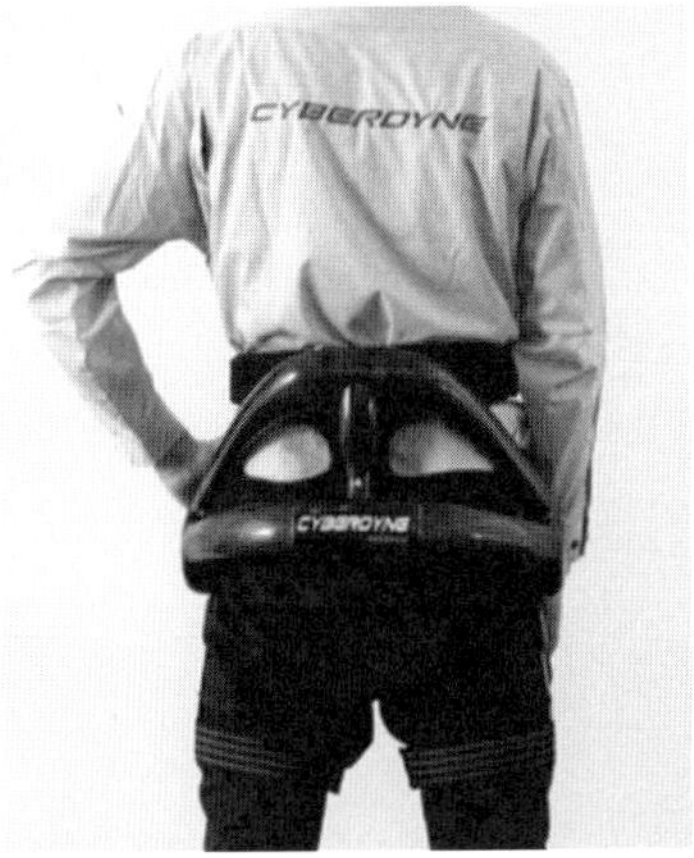

HAL® 作業支援用（腰タイプ）

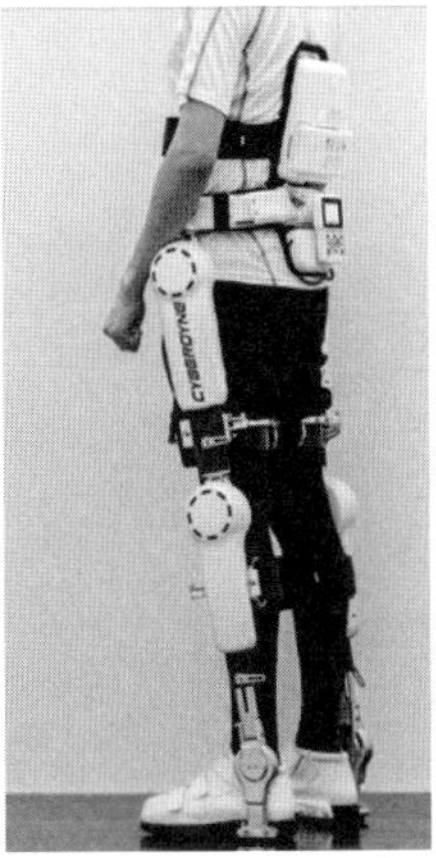

HAL® 医療用（下肢タイプ）

出典：https://www.cyberdyne.jp/products/Lumbar_LaborSupport.html（左）
https://www.cyberdyne.jp/products/LowerLimb_medical.html（右）

2014[*11]を取得、2015年2月に欧州機械指令に適合し、CEマーキングが可能になりました。

このため、欧州全域においての販売ができるようになり、市場が一気に広がりました。国際市場を見据えたこのような取り組みは、一企業ではなかなか難しいことです。サービスロボットの市場を作り上げるという意味においても、国と企業が協力し合い成果を出したモデルケースとなりました。

次に、下肢に障害がある人や脚力が弱くなった人の治療機器としての「HAL®医療用（下肢タイプ）」（図4-5右）は、2013年、EU全域における「**医療機器指令（MDD）**[*12]」への適合が認証されました。これにより、E

U全域において、医療機器として使用することができることになりました。医療機器指令を通すことは非常に難しいといわれている中、「ＨＡＬ®」が成功した理由はどこにあるのでしょうか？

それは「日本ですでに実績があった」というところです。

日本で「ＨＡＬ®」が医療機器として認められたのは２０１５年のことですから、医療機器としての実績は実はありませんでした。しかし「ＨＡＬ®」はすでに、医療用ロボットとして介護施設などで活躍を始めていました。そのため事例やデータが豊富に積み上がっていたのです。日本では介護施設で使用する機器が「医療機器でなくてはならない」という制約がないため、医療用ロボットとして働くフィールドがあったことが幸いしました。

ヨーロッパで医療機器としての認証を得る際には、この事例やデータが役に立ちました。日本の介護現場でロボットが使えたという事実が、海外で認証を得る際の大きな助けとなり、それゆえ国際市場で販売するための一歩を踏み出せたのです。「ＨＡＬ®」の事例から、医療ロボットや介護ロボットを世界市場で展開する際の、大きなヒントが得られるはずです。

＊10　ＩＳＯ　International Organization for Standardization、国際標準化機構。

＊11　ＩＳＯ　１３４８２：２０１４　ＩＳＯの国際規格。"Robots and robotic devices — Safety requirements for personal care robots"。生活支援ロボットの安全性を示す。取得第一号はパナソニックの「離床アシストロボット」リショーネ。

＊12　ＭＤＤ　Medical Devices Directive、医療機器指令。

レスキューロボットも目的を明確に。主な機能を「サーチ」に変更

「レスキューロボット」と聞くと、どんなものを思い浮かべるでしょうか？　鉄人28号やガンダムのような人型ロボットが、瓦礫をどかして助けてくれる……。そんなイメージかもしれません。

ところが実際のレスキューロボットは、まったく違う形をしています。

災害現場で実際に働くレスキューロボットに求められるのは、まず第一に「被災者を探すこと」。次に「現場に行く道をつくること」。最終的に「助けること」となります。被災者の有無と位置を迅速に見つけ（探索作業）、救助のために必要な空間を確保、あるいは被災者が埋まっている場所まで到達し（掘削作業）、被災者を救助する（救助作業）。この３つの作業の中の、どれか一つでも担うロボットはレスキューロボットと呼ばれます（図４-６）。

レスキューロボットの歴史は比較的新しく、１９９５年の阪神・淡路大震災をきっかけとして開発がスタートしました。当初はこれら３つの作業を総合して行える自律的なロボットが想定されていました。しかしこれまで見てきたように、ロボットができることは限られているため、想定していることとのギャップは大きなものでした。そのため、この３つの分野

図4－6 災害時に使えるレスキューロボットを目指して

レスキューロボット：東日本大震災後にできた日本原子力発電（株）原子力緊急事態支援センターに、ロボットの操作訓練等のために導入された櫻壱號《さくらいちごう》

出典：http://www.nedo.go.jp/news/press/AA5_100268.html

探索作業（情報収集活動）

人がたどり着けない箇所で、飛行ロボット（ドローンなど）や、ヘビ型ロボット、ロボット犬などを使い「探索活動」を行う

掘削作業

例：建機クラスの機械に双腕を付けたロボットが瓦礫をどかす作業をする

救助作業

例：複数の小さなロボットが、救護センターへ人を安全に運ぶ

図4－7 サイバー救助犬

軽量で犬の動きの邪魔にならない行動計測スーツ。カメラ、GPS、IMU、気圧センサーなどのデータを記録する。

出典：http://www.rm.is.tohoku.ac.jp/rescue_robot_all/

のどれかに目的を明確化した、単機能のロボットの開発が中心となっています。

また日本でも、海外に倣い、レスキューロボットのことを「サーチ＆レスキューロボット（Search & Rescue Robot）」と表現する場合もあります。この呼び名の変化にも、「サーチ（探索）」という一番の目的を、よりはっきり示そうという意識が感じられます。

目的を明確化という意味では、新たな取り組みである「サイバー救助犬」（図4-7）もその流れの中にあります。「HAL®」はいうなれば「人＋ロボット」でしたが、こちらは「犬＋ロボット」。犬型ロボットを一から開発するのではなく、犬がそもそも持っている機能を活かして、足りない部分をロボティクスの技術で補うという考え方です。

日本警察犬協会によると、**犬が持つ嗅覚は人間の1億倍**。[*13] それだけの嗅覚を持つロボットを開発するとしたら、これから先、何年かかるかわかりません。であれば、嗅覚や機動力は犬が本来持っている能力に任せ、視力、記録など犬では担えない部分をロボットが担当しようというのです。犬が装着するのは、カメラやGPSが搭載された軽量のロボットスーツ。人が踏み込めないような災害現場や狭い隙間などに入り込み、探査活動をします。救助隊員は、犬の見ている映像をカメラを通じて手元のタブレットで確認することができますから、例えば瓦礫の下など人が入れない場所であっても、被災者の状態やその周りの状況をリアルタイムで確認することができるのです。

生物の利用は、倫理的な問題と隣り合わせではありますが、生物とロボットという新たな展開の広がりが感じられるケースです。

*13　犬の匂いに関する感度は臭気の種類によって変わる。例えば「酸臭」では1億倍、「ニンニク臭」では2000倍など（日本警察犬協会）。

実用に特化した「コミュニケーションロボット」の可能性

ヒューマノイドが話題となった2000年頃、HRPプロジェクトを含めて多くのヒューマノイドに関する研究開発が行われました。小型ヒューマノイドが商品化され、一般にも普及するようになりました。

私たちがヒューマノイドを求める理由の一つに、「ロボットとコミュニケーションを取りたい」ということがあげられます。その一方で、人型のヒューマノイドは常に比較対象が人間となるため期待値が高くなりすぎ、「期待はずれに終わる」ということを残念ながら繰り返してきました。

そのような中で、「コミュニケーションを取るのが目的なら、人とそっくりでなくていいのでは?」という発想が出てきました。

「コミュニケーション」という一つの目的に絞った「コミュニケーションロボット」は、現在サービスロボットの応用分野において、有力候補の一つとなっています。

その代表が「**パロ**」[*14]です。産総研が開発したこのアザラシ型ロボット(図4-8)は、「世界一癒し効果のあるロボット」として、2002年にギネス世界記録に認定されました。小型犬

図4－8 コミュニケーションロボット「パロ」

出典：https://unit.aist.go.jp/ictes/tmb/interview09.html

ほどのサイズで、小さな子供でも抱っこができます。犬や猫ではなく、タテゴトアザラシの赤ちゃんがモデルに選ばれたのは、本物と比較のしようがないから、という理由です。

日本で一般に販売されているだけでなく、２００９年にはアメリカで医療機器に認定されました。デンマークでは医療福祉施設で活用され、２０１２年にはドイツのニーダーザクセン州で「パロ」を用いた訪問ケアが保険適用されるなど、世界的な広がりを見せています。

「パロ」がアニマルセラピーに代わるものとして使われるのは、病院などでは衛生上の理由から動物を入れることができないからだそうです。バッテリーの減り具合に基づきお腹が空くなど、時間や刺激への反応の組み合わせにより、生き物らしい行動をとるのが特徴で、「なでられると気持ちがよい」という価値観で学習をします。認知症高齢者の徘徊などの周辺症状の緩和や、発達障害児のセラピーへの活用も始まりました。

このようなコミュニケーションロボットの発展は、作業の面で人に役立つロボットと精神の面で人に役立つロボットという、2つの役割がロボットにあることを改めて教えてくれます。

*14 パロ　研究開始（1993）、ギネス世界記録認定（第6世代、2002）、リース販売開始（第8世代、2004）、現在は第9世代（2013）。面接触センサー、ひげセンサー、ステレオ光センサー、温度センサー、姿勢センサーなどの各センサーを備えているのが特徴。

人と協働する産業用ロボット

大きな変化が見られなかった産業用ロボットの分野にも、新しい波が来ました。

大量生産が前提の時代、決まった作業を正確に延々とこなしていればよかったロボットも、「多品種少量生産」の時代を経て「変種変量生産」への対応が求められるようになりました。

つまり、商品ごとに少しずつ異なった作業が必要になってきたのです。それにいかに柔軟に対応するかを模索する中で、人の得意な部分と機械の得意な部分を合わせた「協働作業」

ができないだろうか、と考えられるようになりました。「人とロボット」が協力して一つの作業をするという動きです。

トヨタの組み立てラインに2007年に登場した「ウィンドウ搭載支援ロボット」、2010年に稼働し始めた「スペアタイヤ搭載ロボット」は、産業用ロボットと人との協働化の先駆けとなりました。

これまで、産業用ロボットには、「**80ワット規制**[*15]」というものがあり、80ワットを超えるモーターを持つロボットは、柵で囲わなければなりませんでした。そのため、人の作業スペースからロボットは隔離され、それが協働化の妨げとなっていました。この80ワット規制に対応しつつ、重いウィンドウやスペアタイヤを運べるだけの能力を備えたロボットの登場で、人とロボットが一緒に作業できるようになったのです。

自動車の組み立て工程で行われるウィンドウ搭載作業には、高い技術と力が求められ、これまでは屈強な男性の熟練工2人で担当していました。ロボットで自動化ができないほど、微妙なハンドリングが必要とされていたのです。「ウィンドウ搭載支援ロボット」は、力だけでなく技術力をカバーする側面も持ち、このロボットを使うことで、入社3カ月の女性社員でも、一人でウィンドウ搭載作業ができるまでになったといいます。

協働化において問題となるのが、安全対策です。従来の危険を感知するセンサーの搭載に加えて、モーター電流の微妙な変化から「ぶつかったこと」を検知し、接触の衝撃を和らげる制御も行われています。80ワットという産業用ロボットとしては出力の小さなモーターで構成した上で、これまでの「絶対にぶつからない」という考え方ではなく「ぶつかっても大丈夫」という考え方へと変化しているのは、注目すべきところです。

このように産業用ロボットが人と安全に協働できるようになると、高齢者や女性など力が弱い人でも現場で働くことができるだけでなく、産業用ロボット自体の活躍の幅も広がっていきます。例えば力仕事はロボットが担い、最後の細かな仕上げは人間が行う、といった仕事の分業も、いままでよりずっとスムーズになります。パワーやスピードの向上を目指していた産業用ロボットの目指す先が、「人との協働」に変わってきたということは、興味深いところです。

さらに、こうした流れを受けて、2013年には「80ワット規制の緩和」が実施されました。これにより、ISOの定める産業用ロボットの規格に準じた基準を満たせば、80ワット超のロボットでも、人と同じスペースで作業することができるようになりました。安全対策はこれまで以上に必要となりますが、今後ますます人とロボットが共に働くという場面が増えることとなりそうです。

*15　80ワット規制　産業用ロボットを構成する最大の出力を持つモーターの定格出力が80ワットを超える場合には柵または囲いなどを設けることとした国内法令による規制。2013年12月に規制緩和された。

なぜ、一般向けのサービス用ロボットは広まらないのか

B to Bである産業用ロボットが日本の製造業を支える一方で、B to Cとなる一般消費者向けのサービスロボットが、これまでうまくいかなかったのはなぜなのでしょうか？　これからのロボット産業を考える上で避けて通れない問題ですから、ここで一度まとめておきたいと思います。これまで見てきたロボットの歴史の中に、いくつかヒントがあるからです。

まず、産業用ロボットとサービス用ロボットの違いは何か、という点です。

産業用ロボットにおいては、メーカーと利用企業が協力し合い、工場のラインを設計するなど、ロボットの作り込み、使い込みを一緒に行う土壌がありました。また、従業員の操作の習熟度を考えると、同一メーカーの製品を導入する傾向があり、そこに安定したビジネスが構築できました。産業用ロボットは形（機構）も似たものが多く、工場内で使われるなど

使用環境にも大きな差はありません。そのため、想定外のアクシデントが起こりにくいものなのです。

一方、サービスロボットは大衆向けの消費財です。「パロ」と「ルンバ」の形が全く違うように、サービスロボットは目的によって組み合わせ方（機構）がガラリと変わります。そして使用される環境も、使用者によってバラバラです。しかし、個別対応が必要であることは、産業用ロボットと変わりありません。機構や使用環境が異なるロボットを、消費者個々人の要望にそってアフターケアするのは、非常に難しいことになるでしょう。

このようなオペレーションができるかどうかが、ロボットを一般に売ることができるかどうかの、大きな分かれ目になるはずです。

一般消費者向けは、それなりの数量を売らなければならない

次に、ロボットは大量生産しなければならないという側面があります。

これは産業用ロボットとサービスロボットで共通する問題です。ロボットというのは、ハードウエアとソフトウエアが融合した製品で、その中でも固定費の割合が非常に高いのがソフトウエアです。

ソフトウエア開発は、材料費（変動費）が中心ではなく、人件費などの固定費が中心になり、

もうけが出始める損益分岐点に達するために売る数が、変動費中心の製造業よりは多く必要になってきます。

ロボットはゲームやアプリ開発と同じように、ソフトウェア開発も重要なため、変動費中心の製造業とはいえず、固定費の割合が高い製造業になります。つまり、それなりの数を売らなければならず、大量に売れるビジネスモデルを築く必要があるのです。

産業用ロボットは、自動車、電子部品市場自体の拡大や、用途の拡大によって、市場が自然と広がったことで、「大量に売る」ことが達成されました。サービスロボットを売ることを考える場合、「個別対応が必要な商品を、個人を対象に大量に売る」という、相反する事象をどのように解決するかがポイントとなります。

価格のハードルも高い

また、価格が高いというのも、ロボットが広がらない理由です。サービスロボットを購入する一般消費者の感情として、「価格相当の価値を受け取りたい」と思うのは当然です。20万円払ったのなら、それだけの「価値」をロボットから享受したいと考えています。そこに「工夫して使おう」「ロボットをもっと使いやすく育てよう」という産業用ロボットにあったようなインセンティブは生じません。

人が満足するほど機敏で、タフな機構を持ち、長期間にわたって楽しめる知能を持ったロボットを、手に届く価格で生産するまでには、まだまだ時間がかかることでしょう。

サービスロボットが進む道とは

このような流れの中で、現在活躍しているサービスロボットは、

- 目的を絞り、機能を絞る
- 単純、タフで、必ず動く

というロボットたちです。

iRobot社の一般用掃除ロボット「ルンバ」は、その一例です。機能を絞ったことで、コストも安く抑えられています。「ルンバ」はCPUを含む電子基板、センサー類とプラスチック系のフレームで構成された単純なつくりをしています。分解した中身を見ましたが、使われているセンサーはどれも一般的なものでした。触れたことを知らせるための「オン・オフセンサー」も、家具や壁を検知する赤外線センサーも一般的であまり複雑な処理をしていません。このように単純なセンサーを組み合わせることで、制御におけるエラーを少なくし

ているのです。また、カバーで全体が覆われているため壊れにくく、日常的に使われても大丈夫な構造を備えています。掃除という機能に絞り、安くタフに作る。壊れにくいから、アフターサービスのオペレーションコストも最小限に抑えられます。ニーズにコストが見合った好例です。

一般的に、コストが下がれば消費者も手厚いサポートを求めなくなりますから、オペレーションが必要という制約から逃れることも可能になります。そうなると大量生産をして売り切るという形のビジネスモデルも採用できるのです。

同じコピー機でも、企業で使われるもののようにオペレーションを重視するか、家庭用コピー機のようにコストを下げて売り切るか、というふうに戦略は分かれます。ロボットにおいても、同じことがいえるのです（図4-9）。

ドローンも単機能の最たるものです。現在では映像の撮影など、幅広く使われています。ドローンは、災害地などの人が近づけない場所へ行くことができ、状況を確認できます。写真や映像を撮るのはカメラですから、この時のドローンの役割は、撮影ポイントまで飛んで移動することです。また、ドローンを活用することで、今までは見たくても見れなかった

図4－9 2つの戦略

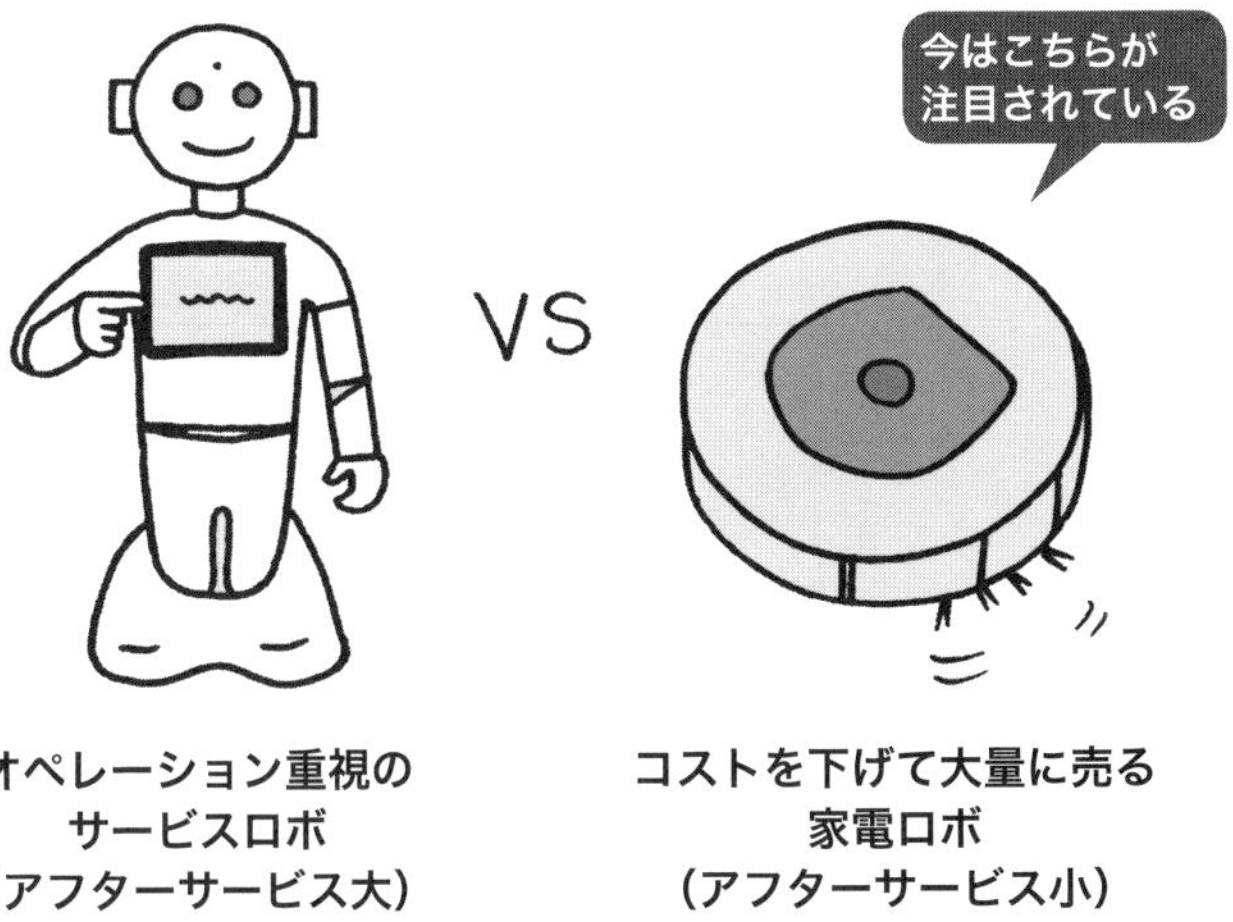

上からの視点での映像を撮ることができますが、この場合もやはりドローンの仕事は飛んでカメラを移動させることです。ドローンにも、このような仕事で使われる市場と、ホビー用の市場の2つがあります。仕事で使われる市場は操縦に関するサポートサービスも設定されて高価格、ホビー用市場は売り切りで低価格になっています。

ただ、今までにもラジコンのヘリコプターなど遠隔操縦して空を飛べる機械はありました。どうしてドローンはこんなにも普及したのでしょうか。その理由は、やはり使いやすさです。ヘリコプターの操縦は難しい。その一方で、現在のドローンは4つ以上の垂直方向のプロペラをバランスよく備えた形のものが多く、操縦は機体全体の方向を指定すればよいという直観的なものです。

各プロペラ自体の制御は、機体全体の方向指令に基づきコンピューターが計算して行っているのですが、その関係式がヘリコプターより簡単なため、直感的な操縦コマンドから、コンピューターが計算し、制御してくれるのです。加えて、ヘリコプターよりも機構が簡単であるため、安価なコストで製造可能なのです。

掃除のように「必要だけどやりたくない」仕事に対するニーズは高く、一般の掃除機にプラスαの値段、つまり「付加価値」を乗せられる余地がありました。また、ドローンのように、「飛ぶ」という人間にはできない部分を担当できるのは、ロボットの強みです。

現段階ではロボットが活躍できるフィールド（ニーズ）を整えること、そして複雑なロボットではなく、確実に動くようにすることが、次につながる第一歩になるはずです。

第5章

AIブームと共に世界で注目される「ロボティクス」

AIブームとロボティクス

腕から足、胴体、そして全身へと、人間に近い体を持てるようになったロボットの次の進化は、ロボットの脳であるAIに起きています。人間の赤ちゃんが最初に視覚と聴覚を発達させるように、AI（人工知能）において今研究が進んでいるのが、画像認識、音声認識の分野です。

ロボットの視覚と聴覚を生み出すことになるであろう技術の一つが、ディープラーニングです。2016年、Google DeepMind社が開発したAI「アルファ碁」は、2016年に韓国のプロ棋士であるイ・セドル棋士と対戦し4勝1敗で勝利、2017年には世界最強の柯潔《かけつ》棋士と対局し3連勝で勝利しました。この「アルファ碁」に使われたのもディープラーニングでした。現在はこのようにコンピューターの中で使われることの多いディープラーニングですが、ロボットへ活用しようという動きが活発になってきました。

ディープラーニングによって、「目」と「耳」を発達させることになれば、ロボットは次の時代を迎えることになります。

ロボットの頭はＡＩ、体はロボティクスで

ロボットは、機械であるハードウェア（メカ）と、頭脳であるソフトウェアが統合したものです。**ＡＩ（Artificial Intelligence　人工知能）**[*1]は、認識や判断に使われるソフトウェアの一つです。ロボットは自分の体（ハードウェア）を頭（ソフトウェア）で動かす機械であり、「動かない箱の中」でソフトウェアを使用するパソコンとは、ハードウェアの関わり方が大きく違います。

ＡＩは、推論、判断、認識などをするソフトウェアなので、高度なデータ処理をすることができます。そのため、ロボットに複雑な動きをさせるためには高度なＡＩが必要です。**ＡＩの進化は、ロボットの進化につながります。**

しかし、ＡＩだけが進化しても、そこにハードウェアがついていかなくては、高度な動きは再現できません。例えばバク転をするロボットを設計し、シミュレーションで完璧に動かせたとしても、実際に作れなければ意味はありません。逆もまたしかりです。ハードウェアにバク転ができるキャパシティがあっても、それを動かせるソフトウェアがなければ、その機能は無駄になってしまいます（バク転ができるロボットは実現されています）。ロボットという実物を構成するために必要な学問は**ロボティクス（ロボット工学）**[*2]と呼ばれます。ロボット、ＡＩ、

ハードウェア、両方の進化があって初めて、ロボットは高度な動きをすることができるようになります。

ロボットで大切なＡＩのアルゴリズム（プログラムの処理の流れ、あるいは、やり方）には、大きく分けて、次の４つがあります。ディープラーニングは実際には機械学習の一つですが、ロボットにおいて重要になってくるため、独立して表記しました。

①If-Thenアルゴリズム
②推論・探索アルゴリズム
③機械学習アルゴリズム
④ディープラーニング（機械学習の一つ）

まずは、これら４つを詳しく説明していきます。

＊1 人工知能　AIの詳しい進化やブームの内容について、東京大学の松尾豊特任准教授は「第一次ブーム（1950年代後半〜1960年代）：推論・探索」「第二次ブーム（1980年代）：エキスパートシステム」「第3次ブーム（2000年代〜）：機械学習・ディープラーニング」としている。詳しくは『人工知能は人間を超えるか　ディープラーニングの先にあるもの』（松尾豊）を参照されたい。

＊2 ロボティクス（ロボット工学）　ロボティクスは各分野の融合で成り立つ。機械力学、材料力学、機構学、制御工学、コンピューター工学、電気・電子回路、センサー工学、アクチュエーター工学、情報処理、情報科学、工業デザインなどのうちロボットに関する部分を複合したもの。

①基本的な動作を制御する「Ｉｆ-Ｔｈｅｎアルゴリズム」

最初は「Ｉｆ-Ｔｈｅｎ」に代表されるプログラムです。

これはロボットの基本的な制御を担当します。「Ｉｆ（もしこうしたら）、Ｔｈｅｎ（こうなる）」という単純な制御で、想定された範囲内では「Ａの時はＢ」とうまく動作を制御できます。

例えば「ルンバ」であれば「（Ｉｆ）ぶつかったら、（Ｔｈｅｎ）戻る」というプログラムです。「Ｉｆ-Ｔｈｅｎ」は反応の仕方がブレることがないよう決められた基本的なアルゴリズムであり、ロボットには普通に使われています。

移動ロボットの中でも、もちろん使われています。後でお話しするディープラーニングのような認識系のＡＩは、まだまだ結果あるいは出力にブレがありますが、「Ｉｆ-Ｔｈｅｎ」にはそれがありません。「前のロボットとの距離が○ｍ以下になったら減速する」とプログラムしておけば、距離を計測するセンサーの値が設定値以下になったらスピードが落ちます。単純なプログラムで間違いがないため、動作が確実です。認識系ＡＩとの大きな違いはこの「確実性」です。

②移動ロボットに必要な「推論・探索アルゴリズム」

2番目は、推論・探索アルゴリズムです。

移動ロボットがスタートからゴールに行くために最短距離を探すようなアルゴリズムです。代表的なものにダイクストラ法、A*（エースター）アルゴリズムなどがあります。

このAIは、どのような経路で進んでいったらよいかを考えるためのもので、推論するやり方がプログラミングされており、どのような場所を移動するかの情報（障害物の位置やある地点からある地点までの距離など）を入れると答えが出てきます。

③「機械学習アルゴリズム」は、環境の違いがシミュレーションの妨げになる

「Aの時はB」のように単純な条件の場合は「If-Then」で間に合うのですが、この条件が増えてくると、プログラムとして書ききれなくなってきます。例えば、「3つの調味料」（塩、コショウ、しょうゆ）があって、それぞれ入れるか入れないかだけの違い（2択の選択肢）だとしても、組み合わせは2の3乗＝8通りあります。図5-1のように、塩＋コショウ＋しょうゆ、塩＋コショウ、塩＋しょうゆ、塩だけ、コショウ＋しょうゆ、コショウだけ、しょ

図5－1 選択肢が増えると、場合分けも多くなる！

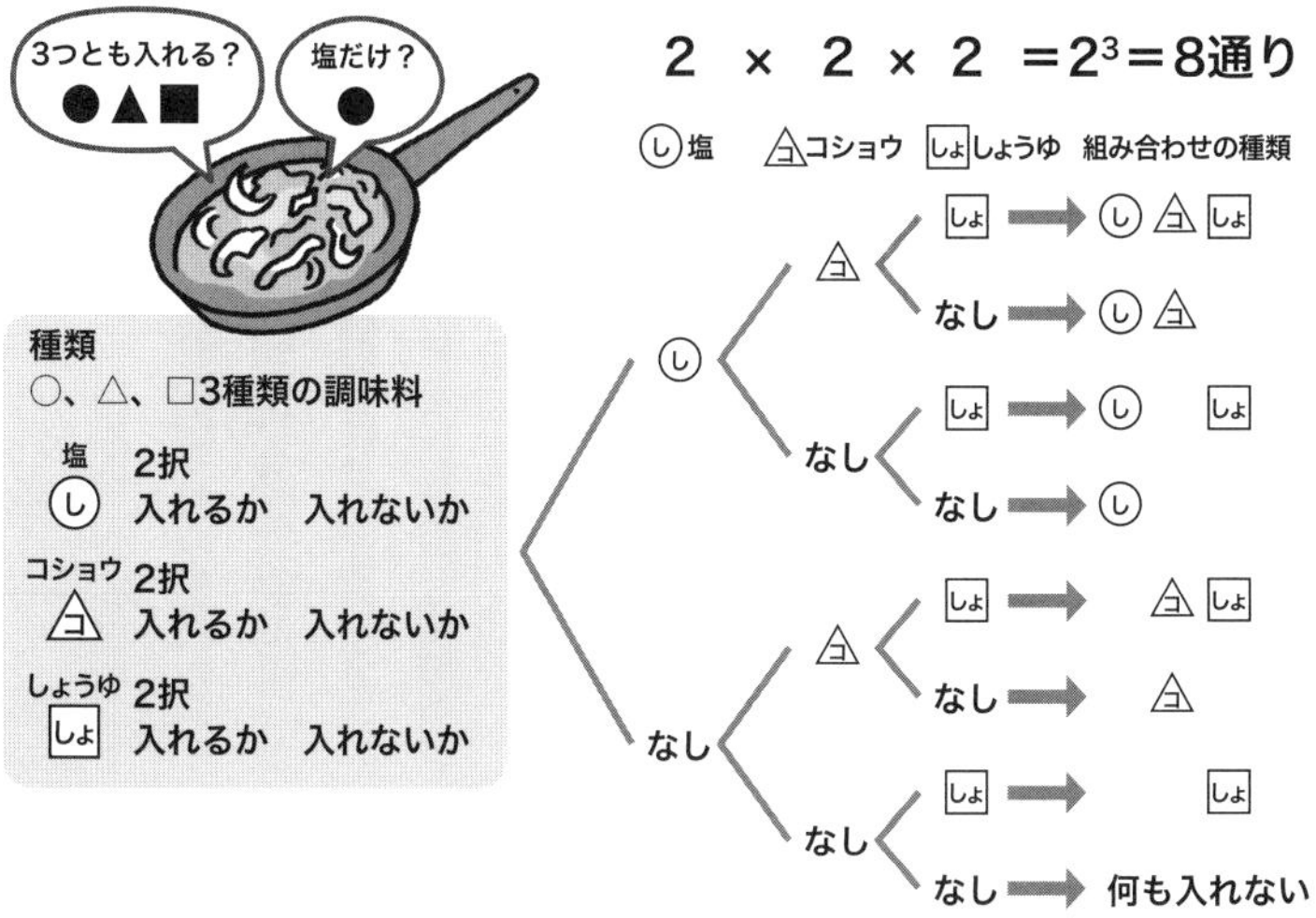

うゆだけ、何も入れない、の８通りです。例えばこれが互いに依存していない２択の条件が８個になったら、２の８乗＝２５６通りの場合分けをし、各パターンに応じた処理を記述しなければならなくなります。そこで、状況に応じた行動内容をＡＩに学習してもらおうという研究が盛んになりました。これが「機械学習」です。

これはコンピューターの中のＡＩにおいては、かなりの成果を収めました。「アルファ碁」も自分自身との対戦というシミュレーション学習を繰り返して、強くなりました。

ロボットにおいてもこれまでに、シミュレーション上でロボットを動かす研究が多くなされました。しかし、結果を言えばこれはうまくいきませんでした。それはなぜでしょうか？

例えばロボットに「階段を上がる」ことを学習してもらうために、シミュレーションを行います。あなたがプログラマーだとしたら、どんな条件を入れるでしょうか？　階段の高さ、幅、段数、素材などの変数を変えて何度も学習させ、そしてシミュレーションにおいて100％うまくいくようになったので、実際のロボットを使って階段を歩かせる実験に入りました。しかし、いざ屋内で階段を歩かせると、絨毯が敷かれた階段をロボットが上がれないことがわかりました。条件を入れる時に、「絨毯」という素材を思いつかなかったためにシミュレーションができていなかったからです。

今度は屋外の階段を歩かせてみます。雨で濡れた階段も、砂で滑る階段もしっかりシミュレーションしたのでOKと思いきや、強い風が吹いてロボットは倒れてしまいました。風という条件を思い浮かべることができなかったからです。

このようにシミュレーションでは100％動いていたのに、実際は思ったように動いてくれないということが、機械学習のフェーズで起こったことです。**プログラムをする人が、「適切な条件」を入れることができなければ、シミュレーションと現実世界では大きな乖離が生**

じてしまうのです。これはコンピューター内という一定した環境で動くＡＩとの大きな違いです。

リアルな現実世界では、全ての条件を入力できない

実はこの「適切な条件」というのが、リアルな世界で動かすロボットにおいては、非常に難しいのです。全ての条件を入れることなど不可能だからです。

ここに坂道を上る二足歩行のロボットＡとＢがあります。まったく同じ仕様でつくられた2体です。これらのロボットは、シミュレーションでは問題なく、同じように坂道を上ることができました。Ａは北海道に、Ｂは沖縄に派遣され、そこでスイッチが入れられます。そうなるとＡとＢはもう同じように動いてはくれません。なぜなら、シミュレーションとは条件が違ってくるからです。まず、気候が違います。湿度、気圧、風の強さなど土地による違いがあります。同じ土地であっても、それらは日によって変わります。1年の気候だけ考えても365日分の条件があるのです。

また、ロボットが歩く坂道の状態もそれぞれ違ってきます。しっかりした土なのか、舗装された道路なのか、草むらか、砂浜か、雨の後のぬかるみか……。また、使い続けるうちに、ＡとＢの状態も変わっていきます。毎日歩き続けているＡと、週に2回歩くだけのＢでは、

部品の消耗具合が違ってきます。シミュレーションには、このような日々変化する条件を全て入れることはできないのです。**ロボットとリアルな外界とのシミュレーションが完全にできるかというと、できない。それは条件が無限にあるからです。必ずズレが生じます。**

私はシミュレーションが必要ない、と言っているのではありません。ある程度までシミュレーションをかけていくことは、ロボットの動きを考える上で不可欠なことです。ただ、実体を動かしたときには「必ずズレが生じる」ということを、ロボットを作る人、使う人は知っておかなければなりません。

現場でのすり合わせが必要なのは、こういったところにも理由があります。

ここがＡＩと大きく異なる部分です。

これがロボットではなく囲碁や将棋のソフトであれば、そこに物理的な現象は絡みません。北海道でも沖縄でも、晴れでも雨でも、湿度や摩擦に悩まされることはありません。また、毎日動かすソフトＡも、週２回動かすソフトＢも、その使用頻度によってソフトウェアが経年劣化することはありません。

「適切な条件」を見つけ出すために実験をする

ＡＩが進化して、様々なシミュレーションができるようになってくると、学生から「シミュレーションでわかるのに、わざわざ実験をするのはなぜですか？」といった質問も飛んできます。これは学生のみならず、研究者の中でも言われていることです。

しかし、実験は「シミュレーションの条件として、入力すべき物理現象は何か」を判断する際の経験と知識を与えてくれます。

例えば、シミュレーションで「草の上」をうまく歩いたロボットを、実際の実験で歩かせたとします。しかし、うまくいきません。理由を探していくと、「草の上」という条件だけでは不十分であることがわかります。短い草の上では歩けたけれど、10㎝を超える長さの草ではだめだ、というようなことが実験で判明するわけです（ゴルフをする方はこの感覚がわかるかもしれませんね）。もしくは草の質によって変わる、ということもあるでしょう。

このような気づきは、実験を通じて得られるものです。失敗の原因に実験を通じて気づくことができると、次のシミュレーションを「草の長さ」や「草の質」を入力するといったように、もっと精度の高いものにすることができます。実験をしないとこのような「適切な条件」

をシミュレーションの条件として思い浮かべることができないのです。

ですから、学生や若い研究者には、どんどん実験をしてもらいたいのです。特に学生を見ていると、シミュレーションソフトに踊らされていると感じることがあるからです。

例えばＣＡＤという設計図を描くソフトには、「強度解析」がついているものも多くなりました。実際にものを作っている人だと、どこにどれだけの力をかけて解析をすればいいのかがわかります。しかし経験が不足していると、なんとなくいい結果が出るように解析をかけてシミュレーションの結果を出してしまうということがあります。

シミュレーションにはこのような「落とし穴」があります。精度の高いシミュレーションができないのであれば、行う意味はありません。

そのような落とし穴にはまってしまうのを避けるために、物理現象が伴うリアルな場での実験は不可欠なのです。ロボットには実体があり、それゆえ物理現象が伴うということを頭においておくことが必要です。

④「ディープラーニング」で、ロボットの「目」が変わる

機械学習をするためには、現在の行動の良し悪しを評価するための関数（評価関数）が必要で、これまではそれを人がプログラムしていました。単色で白と黒のパネルを分類するように簡単な判断基準で識別できる問題の場合はよいのですが、虹色のグラデーションで複雑な模様が塗られたパネルを分類するような場合は、「特徴量を何にするか」、つまり何を基準にするべきかを決めるのが非常に複雑になります。問題に応じた特徴量自体の設定が、難しいのです。そのような環境認識に対する問題の助けとなりそうなのが「ディープラーニング」です。

ディープラーニングは、簡単に言うと「たくさんのデータの中から、あるもののパターン（特徴）をコンピューターが自動でつかむ」技術です。 画像データや音声データなどに潜んでいる関連性やパターンを見つけることを得意としています。ディープラーニングの技術は、現在のところロボットではなく、ＡＩそれ自体で完結する分野を中心に使用されています。

しかし、最近では自動運転をはじめとしてロボットへの活用方法も少しずつ見えてきたため、何か新しいことができるのではないかという希望を強く感じています。

ロボットへの活用ではまず、画像（動画）認識、音声認識など、認識系に使われることに

なります。つまり、ロボットの視覚、聴覚です。特にディープラーニングは画像処理分野での発展が著しいですから、視覚の進化に期待が持てます。

ロボットの「目」はどのように定義されているのか?

まずは現在のロボットがどのように世界を「見ているか」をおさえておきましょう。その後、ディープラーニングによって何が変わるのかを考えていきます。

現在、移動ロボットの「目」として広く使われているのが、距離画像センサー(例えばレーザーレンジファインダー)です。基本的な仕組みは、レーザーを目標物へ飛ばし、それが反射して戻って来るまでの時間で距離を測るというもの。あらゆる方向にレーザーを飛ばすことで、障害物までの距離と、それが自分の周りにどのように配置されているかがわかります。

図5-2にあるように、障害物がどこにあるか、段差はどれくらいか、道幅は広いのかなどはわかりますが、その詳細(物なのか、人なのか、色や素材はどうなっているのか)はわかりません。ですから実際には、人の形をした「物体」が人かどうかを認識することはできません。

図5-2 距離画像センサーで見える一般的な画像

右の写真のシーンをSwissRanger 4000という距離画像センサーで取得したのが左図。放射したレーザーが物体で反射してきた点が表示されている。

現在では信号処理を施すことで、「人かもしれない」ということがわかるようにはなっています。例えば「2本の棒状の物体が前後に動いて移動しているなら、それを人と判断する」というような信号処理のアルゴリズムを使用することで、「こういう動きなら人かもしれない」と判断するわけです。実際にこの距離信号をどのように処理してロボットの認識を高度化させるのかは研究の一分野です。しかしまだまだ研究段階のため、一般的に使用されている距離画像センサーでわかるのは、「障害物がどのように配置されているか」というレベルです。

また、ある物体が何かを判断するのに、距離画像センサーの情報に加えてカメラの画像情報を使用することもあります。距離画像センサーで得られる情報は、物体の方角と距離ですが、カメラの画像情報は色という物体の表面の情報です。

それぞれのセンサーで取れるデータの種類が違うため、それを組み合わせることで判断の確実さを増すために使われます。

今後は、得られた情報から意味を抽出するアルゴリズムの部分に、ディープラーニングに代表される新しいＡＩの技術が多く使われるようになるでしょう。

画像認識技術で実用化されているものがあります。「顔認識」は、そのうちの一つです。人間の顔は眉、目、鼻、口の関係性が決まっていますから、それをＡＩに教えることで認識が可能になるのです。

これまではこのような特徴をルール化し、私たち人間が一つひとつプログラムをしていました。つまりＡＩに特徴を教える作業です。ただ、特徴をもれなく探し出しプログラムしていく（横顔は、寝顔はどうかなど）ことは、非常に手のかかるものでした。

ディープラーニングは、この「特徴を探し出す作業」をＡＩ自らがしてくれるところに、意味があります。最初に人の顔が写った写真を大量にＡＩに渡せば、その大量のデータから「顔」を意味する画像データが持つパターンや関係性をつかんでくれるのです。これまで人がコツコツとプログラムしていた、特徴を抽出する作業の自動化です。ＡＩはこの作業を、人よりもうまく行います。そのため、画像認識の性能はずいぶんと上がってきました。

このようなAI技術を取り入れ、ロボットの認識能力が上がると、どんなことが起きるでしょうか？　宅配ロボットを例に考えてみましょう。

宅配ロボットに、ディープラーニングAIによる人認識、道認識、階段認識、ドア認識……などができるソフトウェアを搭載します。そうすることでロボットは、道や階段を「ほぼ間違いなく」認識して自動で移動し、ドアを「ほぼ確実に」認識してそれを開け、出てきた人の顔を「ほぼ正しく」見分けて荷物を渡すようになります（100％というのは難しいです）。

これまでは、環境の変化や状況の変化により間違いの多かった認識が「人が満足する程度の確実さ」をもってできるようになると、このようなサービス業での活路が見いだせます。

もちろん以前から使われている距離画像センサーであるレーザーレンジファインダーなども、ロボットと周囲にある「何か」との位置関係を正確に測り、ぶつからずに移動や動作をするために併用します。

ディープラーニングによって、ハードウェアとの相乗効果が見込める

私は、ディープラーニングが花開くことで、今あるハードウェアを「使い切る」ことがで

きるようになると考えています。ロボットに何かできる能力があったとしても、認識能力が追いつかないために使えない、ということが今もあるからです。柔らかい物体をつかむことができるロボットも、「柔らかい物体」と「硬い物体」を識別できなければ、適切な力でそれをつかむことはできません。ロボットにとって認識という機能が大切なのはそのためです。

すでに、ディープラーニングによって物体の形状などを判断し、**色々な形のものをつかむことができるロボットが出始めました。**[*3] 適当に置かれた複数の部品を、マニュピュレーターが自動で認識し、形に合わせてつかみます。この時に何が難しいかというと、部品には様々な形がありますから、その形状にあわせてアームを回転させたり、二本指の手として機能するグリッパの角度や幅を変えたりしなければならないことです。

ディープラーニングが飛躍的に進化し、無秩序に置かれた様々な種類の部品の位置や向きを認識し、各部品に応じて腕や手を適切に動かせるようになると、ロボットの活躍の場もさらに広がります。このような傾向がさらに進めば、私たちが求め続けてきた「サービス分野での実用化」も視野に入ってきます。

ウェイターとしてレストランで働くロボットが、飲み終わったグラスを下げる場面を考えてみましょう。これまでの距離画像センサーでは、グラスの形状と自分との距離は認識できても、それが「グラスかどうか」まではわかりませんでした。ディープラーニングＡＩによってグラスの特徴を掴んでいるロボットは、テーブルの上にあるグラスの種類が違っても、それらをほぼ見分けて下げることができるようになります。さらに、中に入っている液体の量も認識すれば、「グラスが空なら、下げる」という行動を「Ｉｆ‐Ｔｈｅｎ」プログラムとの連動で行うことができます。

このようにディープラーニングによって、状況や環境の変化に対して適切な判断ができるようになれば、「Ｉｆ‐Ｔｈｅｎ」プログラムなどこれまで使われてきたプログラムと組み合わせて、複雑なことがサービスとしてできるようになります。単に「グラスをつかめるロボット」でしかなかったものが、ウェイターとして働けるようになるのです。

このようにディープラーニングをロボットの目などの認識・判断機能として使えるようになると、「ハードウェアの使い切りフェーズ」がやってきます。

決まった通りの単純動作であれば、高速かつ正確に繰り返せるなど、ハードウェア性能が先行している部分もありますから、ディープラーニングで認識力の高い「目」を得ることでハードウェアの能力を引き出すことができるようになるでしょう。

もちろん、見えるようになったからといって、何でもかんでもできるようになるわけではありません。ここを勘違いすると、またロボットに対してがっかりされることになるかもしれませんから、そのあたりの注意は必要です。ディープラーニングをロボットの動作へどのように応用していくかは、まさにこれからの大きな研究テーマです。

ディープラーニングが自動運転に活用され始める中、日本政府も新たな取り組みをスタートさせました。

経産省は２０１７年、自動車メーカーや部品メーカー各社に、走行映像を中心とするデータの開示を要請しました。ＡＩの反復学習に活かすのが目的です。

自動運転においては、カメラによる画像データを認識することが、ディープラーニングの役割となります。車の運転というのは、言ってみれば「メカ＋人」であり、認識系はこれまで人間が担ってきました。ディープラーニングを使うことで、その認識の一部をＡＩが担当することになります。

＊3　AIを用いて色々な形に対応して物をつかむことができるロボット（参考 http://jp.techcrunch.com/2017/05/29/ 20170526this-robot-arms-ai-thinks-like-we-do-about-how-to-grab-something/）。

AIの基本的なソフトウェアは、公開されている

今話題のディープラーニングですが、意外に敷居は低く、すぐに使い始めることができます。

例えば手で書いた文字や数字を認識することも可能です。ソフトウェアは現在容易に入手可能なため、必要なのはパソコンとネットワーク環境だけです。例えばパソコンにプログラミング言語であるPythonの実行環境を整え、Googleが公開している「TensorFlow」という**ライブラリ**[*4]をインストールし、データはネットワーク上にあるものを使う、といった感じです。また、ビッグデータを処理するためのソフトウェア環境も整っており、分散・並列処理するミドルウェア群（例えばHadoop、Hive、Presto、Sparkなど）が公開されています。

ディープラーニング関連のソフトだけではなく、AIの多くのソフトウェアは無償で公開されています。このような誰でも無料で使えるソフトウェアは「オープンソースソフトウェア（以下OSS）」と呼ばれます。先の「TensorFlow」もOSSです。

「ROS」のようなロボットを動かすために使われるミドルウェアでさえ、オープンにされ

ています。ＡＩの世界は「CopyrightからCopyleftへ」という流れの中にあり、多くのソフトウェアが無償で公開されているため、私たちはそれを簡単に手に入れ利用することができます。

＊4　ライブラリ　同じような処理をするためのプログラムを、その部分だけ独立させて、他のプログラムから読みこんで使い回せるようにしたもの。

ソースコードが公開されているメリットは何か

ＯＳＳの一番のメリットは、「ソースコード」を変更することができるので、アルゴリズムを自分流にアレンジできることです。

ソースコードというのは、ソフトウェアのプログラムの中の、人が書いたプログラムのことです。プログラムする際には書き方が決まっており、それがプログラム言語と呼ばれます。「C言語」や「Ｊａｖａ」、「Ｐｙｔｈｏｎ」などがプログラム言語です。ソースコードを見ればそこで行う処理を読み解くことができます。

ただし、コンピューターは直接それを処理することができません。コンピューター自体が、実際に理解できるように書かれた計算手順は「機械語」と呼ばれます。「コンパイラ」と呼ばれる翻訳プログラムが、人が書いた「ソースコード」を「機械語」に変換する（コンパイルするという）のですが、ここには翻訳の仕方が書かれています。一度でコンパイルがうまくいくことはあまりなく、エラー（コンパイラが間違っている箇所を教えてくれます）を地道にとっていく作業が、プログラマーを待っています。プログラマーはそこでソースコードを修正していくわけです。

無事にコンパイルされたプログラムは、「実行ファイル」に変換されます。例えばゲームのカセットは、コンパイルされた後の実行ファイルが入れられて売られています。ゲーム機にさせばすぐ動くのはそのためです。便利ですが、ゲームの中身を変えることはできません。

同じゲームでも、もしソースコードを手に入れることができれば、そこに自分なりの変更を加えることができます。ソースコードには、ゲームの設計図が書いてありますから、その設計図の好きなところに手を入れて、それをもう一度コンパイルし直せば新しい実行ファイルができるのです。あるゲームをソースコードで手に入れたとすると、そこに自分の好きなキャラクターを増やしたりすることができるわけです。

ソースコードがわかる一番のメリットはここにあります。

OSSの使用者側のメリット、開発者側のメリット

OSSの使用者である私たちは、多くのメリットを享受しています。ソースコードが公開されていますから、ソフトウェアにバグや脆弱性があればそれを自分で修正することができます。また、ソフトウェアのメンテナンスも可能です。様々なソフトウェアを自由に使えることで、システムの構築が柔軟に行えるだけでなく、拡張性も高くなります。他のソフトウェアとの連携もスムーズにできますし、ライセンス費用が無料であれば総合的なコストダウンが可能です。

開発者側にももちろんメリットはあります。使用者が増えてシェアが拡大すれば、その分野での影響力を持つことができますから、付加価値を付けた応用アプリケーションやサポートサービスでビジネスを展開することができます。第3章でお話しした「デファクトスタンダード」を取るメリットと基本的には同じです。

OSSであるオペレーティグシステム「Linux」は、ユーザー同士がコミュニティをつくり、その内容をどんどん発展させてきました。クローズにしてしまうと、そういった開発や改善は自分たちだけでするしかありません。OSSに関わるような人というのはパワフルな

人が多いので、うまいバランスで成り立っていると感じています。

ＯＳＳの利用には、いくつかのルール（ライセンス契約）がありますが、その中身は様々です。「オリジナルのソフトウェアの開発者の名前を掲載する」「自分が改良したソフトウェアも無償で公開しなければならない」などのルールがあります。例えば**ＧＰＬライセンス**[*5]形態にあるソフトを使って、新しいソフトを作ったとします。この新しいソフトウェアを販売することはできるのですが、オープンにしなければならないという決まりがあります。ソースコードを公開しなければならないので、要は誰でも真似ができてしまいます。この場合、独占権のようなものを持つことは難しいのです。

＊5　ＧＰＬライセンス　ソフトウェアのライセンス形式の一つ。GNU General Public Licenseは、改変し再頒布が可能だが、配布する際のライセンスもＧＰＬにしなければならない。つまり、改変したソフトウェアもソースを公開し、誰でも使えるようにする必要があり、独占できない。

オープン化とモジュール化

ロボットを動かすための共通基盤となるミドルウェアもオープンになっています。

代表的なものが、ＲＯＳ（Robot Operating System）とOpenRTMです。どちらもロボッ

ト用のソフトウエアをコンピューター上で動かすためのＯＳです。例えばＷｉｎｄｏｗｓ上でいろいろなソフトウエアが動くように、ＲＯＳやOpenRTM上でロボット用ソフトウエアを動かすことができます。

ミドルウエアとロボットの関係は、ＷｉｎｄｏｗｓなどのＯＳとワードなどのアプリケーションソフトの関係に似ています。同じＯＳが搭載されていれば、パソコンの種類を問わず様々なソフトウエアの共有ができるのはご存知の通りです。パナソニックのパソコンでもＮＥＣのパソコンでも、Ｗｉｎｄｏｗｓマシンであれば、ソフトの共有ができます。しかし、Ｗｉｎｄｏｗｓ版のソフトをＭａｃ環境においてそのまま使うことは、基本的にはできません。ロボットも同じです。ＲＯＳ環境において動くアプリケーションソフトは、同じＲＯＳ環境で設計されたロボットに、転用することができます。そのため、私たちはロボットを作る際、ＲＯＳにするかOpenRTMにするかをまず選ぶことになります。以前は、違う選択肢もあり、どちらも使わない場合もあったのですが、今はどちらかを選ぶことが多くなってきました。パソコンのＯＳを選ぶのに、ＷｉｎｄｏｗｓにするかＭａｃにするか考えるのと同じです。

このように、ソフトウエアを同じＯＳ上で使いまわしができるようにしているのには、理由があります。ロボットはハードウエアとソフトウエア両方の知識が必要であり、簡単に作ることはできません。しかし、いつも一から開発していたのでは、そのための時間も費用も膨大にかかってしまいます。そのため、ハードウェアにしてもソフトウェアにしても「部品のように組み合わせて使えるようにする」という方向に発展してきました。これは「モジュール化」と言われます。ソフトウェアにおいては、ROSやOpenRTMがモジュール化の基盤となります。

OpenRTM自体は2000年過ぎぐらいから産総研で開発されてきました。日本が世界に先駆けて、モジュール化の基盤となるロボットのOSを開発したことは素晴らしいことです。しかし、その後シリコンバレー発のROSに押される形となっています。

ROSとOpenRTM双方とも、自分が作ったソースコードを公開する義務はないのですが、ROSの方はソースコード公開の仕組みが整っており、早くから数多くの有力なアプリケーションソフトウェアが公開されていました。ROSが普及した要因には、そういったことがあると思います。また世界をターゲットにした普及活動に対しても、ROS陣営は積極的でした。OpenRTMは、日本国内のワークショップが多かったのに対して、ROSのワークショップは世界中で行われていました。

現場にいて感じるのが、ロボットというのは「すり合わせ」がたくさん必要だということです。動かす環境が少し違うだけで、調整が必要となります。その時に、ソフトウェアのソースコードが分かっていると、自分のロボットに合うようにカスタマイズすることができるため、ソフトウェアとしての使い勝手が格段によくなります。ROSが伸びた理由は、「有力なアプリケーションのソースコードが公開されていた」ことがあると感じています。

ROSを使用する人が増えるに従い、ROSを基盤とするモジュールも増えていきました。ROS環境で無料で使用できるナビゲーションモジュールや自己位置推定モジュール、マッピングモジュールなど、有用なモジュールがいくつもあるため、私たちは自分のロボットに合ったものを選ぶことができるようになりました。これらのソフトウェアを一から開発するとしたら、相当な時間と資金が必要ですが、モジュール化という環境が整ってきたおかげでその作業を免れています。

また、H-ROSと呼ばれるハードウェアのモジュール化も進み始めました。認識モジュール、センサーモジュール、駆動モジュールなどの機能を持った要素部品を、まるでブロックの部品を組み合わせるような感覚で使用することができる環境を目指す動きも始まっています。

オープン化とモジュール化という大きな二つの流れによって、このようにロボット作りにおける参入障壁は、年々下がり続けています。

今までのロボット業界は、産業用ロボットに関しては産業用ロボットメーカーと要素部品メーカーが、サービスロボットに関しては総合家電メーカーと要素部品メーカーが、主な供給側のプレーヤーでした。

しかし、これからは違います。**製品のアイディアと、IT、要素技術の知識を持ったベンチャー企業や個人までもが、今まで高度と言われてきたレベルのサービスロボット開発を自分でできるようになってきたのです。**私が、参入するなら「今」と考えているのは、このような理由からです。

第6章

なぜ日本は、ロボティクスで世界的に優位なのか？

ハードウェアのデータ蓄積で世界のトップに立っている日本

日本が世界をリードするハードウェア技術。ここには大きなアドバンテージがあります。AIと違い、ハードウェアは簡単にコピーすることができません。また、リアルな世界で使用するロボットは、実験を行わずシミュレーションだけで必要なデータを集めることはできません。そのため、ロボットに関するデータを集めることができるのは、そのロボットを作っている企業しかないのです。これはディープラーニングをロボットの動きに応用するという時代にあって、日本にとっての大きなプラス材料となります。

また、少子超高齢社会、つまり人口が減り、高齢者の割合が増加するという状況によって、ロボットが活躍するフィールドが整えられてきました。ここでは、日本人が当たり前に行っている、ロボットも含めた安全に対する取り組みが、大きなプラス要素です。

ロボットを社会の中で活用するために大切なのは、「オペレーション」「インフラ」そして「フィードバック」です。これからは、ロボットの作り手ではなく、ロボットをビジネスとして使う人、ロボットでサービスを受ける人が中心となっていきます。

AI（頭脳）は輸入しても、躯体は日本の技術力が勝る

お話ししてきたように、AIの基本的なソフトウェアは公開され、無料で使用することができます。ですから、ロボットの頭脳という面においては、参入障壁は非常に低くなっています。

もちろん、ハードウエアの部分においてもモジュール化の進展により以前より障壁は低くなってきましたが、一つだけ問題があります。それは各要素部品のハードウェア性能を十分発揮できるようにロボットを製造するのが難しいという点です。

AIはすぐにコピーできますが、ロボティクスには技術と経験値の蓄積が必要だということです。

現在中国では産業用ロボットの出荷台数の拡大が急ピッチで進んでいます。中国企業は、日本からモーターや減速機などの要素部品を輸入し、日本の産業用ロボットを参考に製造を行っています。

しかし、日本のロボットと同じ部品を使用しても、その性能は日本のものに比べて70％程度にとどまるといわれています。30％も性能が落ちてしまうのは、要素部品を知り尽くした

「職人」がおらず、部品の機能を最大限に活かす設計や、チューニングができないのが理由のようです。

ロボットは機械で、「リアルな物質」ですから、どうしてもこのように泥臭い部分があり、同じ部品を使ったとしても、人のチューニングの良し悪しで、性能にずいぶんと差が出てしまうのです。

ですから、実際にロボットや要素部品を製造している日本企業の強みは、ハードウェアに関する技術と、それを組み合わせ、使いこなすノウハウを持っているということです。

そしてこのような経験値は、簡単には真似できないタイプの「データ」です。日本の技術開発は丁寧で、層が厚いため、ハードウェアとセットになった技術と経験値というデータを意識して蓄積し続けることが、強みを維持するためには必要です。

このような経験値が、もし「職人」の技や勘に頼りきっているのであれば、それらを継続的に使用し続けられるようなデータに落とし込む必要があるでしょう。その企業しか保有できない技術的なデータは何か、経験値としてのデータは何かを見極め、それらをいかに大量に保存していくか（ビックデータをいかに作るか）が問われています。

ＡＩをロボティクスに利用する

今まではロボットが動作をする環境は限られていました。つまり、ロボットのソフトウェアの守備範囲は比較的狭いものでした。

今後、サービスを含めたリアルな現場でロボットが活動するようになると、遭遇する環境がその前とまったく同じ環境であることの方がまれで、常に異なった環境に応じた動作をすることが求められるようになります。この処理こそが、ロボティクスがＡＩに求めていることです。過去の例をビッグデータとして蓄積し、そのデータから動作の方針を見出し処理できるＡＩの可能性に、期待が集まっているのはそのためです。

自動運転でいえば、白線からはみ出したら知らせる、前の車と一定の距離を保って走行する、といった決まり切った動きだけでなく、飛び出してきそうな子供に気づいてスピードを緩める、雨が降ってきたからブレーキを早めに踏むといったように、人間が普通にしている環境への判断を、ＡＩに任せることが考えられます。

これまでロボットがサービス分野で活躍できなかったのは、このようなブレへの対応ができなかったからです。プログラムしていた内容と少しでも状況が違うと、うまく動いてくれないことは当たり前でした。
また、どこかの処理でつまづくと、総崩れになる弱さもありました。極端にいえば、ロボット研究の核心というのは、このブレにどのように対応していくかにあるといってもいいくらいです。ロボットにおけるディープラーニングの可能性は、このブレへの対応にあると私は考えています。

現状では、ＡＩによって「環境に応じた判断」（雨だから晴れの時よりも〇秒早くブレーキをかける）を導き出すレベルにはまだ到達していません。しかし、これから先数年の間には、このような「環境に応じた判断」ができるようになるかもしれません。
そしてその時に同時に求められるのが「ハードウェア固有のデータ」です。これらの技術や経験値のデータは、製造企業しか持たないものですし、そもそも汎用性が低いものです。

例えば自動運転する車のブレーキのデータは、ブレーキの種類、タイヤの種類、使用年数などが違えば、全て違います。また、実態が伴うハードウェアには必ず個体差があり、同じ車種であっても使用年数が違えば、制御方法を変えなければなりません。同じ車であっても天候が違えば、制御方法は変わります。このように、ハードウェアに紐づくデータというのは、簡単に蓄積することができない種類のものなのです。ですから、このようなハードウェアに紐づくデータを持っていること自体が、今後アドバンテージとなってくるでしょう。

技術の蓄積がある日本企業だからこそ、ＡＩで処理する元となるこのような技術や経験値のデータを利用して、ＡＩとの組み合わせのより良い解を見つけられるはずです。日本企業は世界に先駆けて、ＡＩのデータとしてハードウェアのデータを組み合わせられる位置にいるのです。

錦織圭選手の優れたプレーをイメージできても、同じように打つことは難しいものです。イメージと体の動かし方を結びつけるのが難しいだけでなく、タイミングや力の入れ具合は個人の運動能力に依存せざるをえません。実体を伴うロボティクスもこれに似ています。ハードウェアの動作性能（アクチュエーターの性能、摩擦の状況、周囲の環境の影響など）をＡＩが理解し、相互に連携しなければ、うまく動くことはできません。ロボットは、海外勢がリードしているＡＩ（頭）だけがあってもものにならず、日本勢がリードしているハードウェア（体）が必要であり、なおかつその頭と体のバランスをいかにとるかが重要なのです。日本が活躍できるフィールドは、ここにあります。

ロボットは体を使って学習する

「ハードウェア固有のデータ」は、集めるのに時間がかかりますが、一方、AIのデータの多くは、自動的に溜まっていくものが多くあります。2012年に、Googleがディープラーニングを用いて、**「ある画像が猫かどうか」を判断するアルゴリズム**[*1]について発表したことが話題になりましたが、この際に使用されたのはネット上にすでに存在する多くの画像データでした。現在、AIが発展している理由は、このような大量のデータを高速に処理できる環境が整ったからです。

AIをロボティクスに利用していくにあたり、忘れてはならないのは、AIと違ってロボットは「時間に縛られる」ということです。AIの進化の速さをみれば、ロボットもすぐに進化するのではないか、と予想する人も多いのですが、そもそもロボティクスは「リアルな物理世界でのこと」という大前提を忘れがちです。

2017年、「アルファ碁」(GoogleDeepMind社)は、世界最強の棋士である中国の柯潔《かけつ》九段を破りました。また日本でも同年、**「ポナンザ」**[*2]が「第2期電王戦」にて佐藤天彦名人に勝利しました。これらのソフトは数年の間に急速に強くなったことが知られています。

それにはいくつかの理由がありますが、その一つが、ＡＩは「時間に縛られない」という性質を持っていることです。例えば「ポナンザ」の場合、プログラムに加えた変更の可否を知るために、旧バージョンと新バージョンの「ポナンザ」をある一定期間で３０００回戦わせたといいます。２０１７年に引退した加藤一二三《ひふみ》元名人は、62年10カ月を棋士として戦いましたが、「最多対局数」として記録される元名人の対局数は２５０５局。一人の棋士が一生をかけても届かない対局数を超える回数を、「ポナンザ」はあっという間にこなしてしまうのです。

ではロボットが持つ時間の概念がどちらに近いかというと、元名人、つまり人間の方なのです。それはなぜでしょうか。もちろんある程度のシミュレーションをコンピューター上で行うことはできます。しかし、それでは十分ではありませんから、リアルな場面での実験も行わなければなりません。

例えば、産業用ロボットの作業で「バラ積みピッキング」というものがあります。整列されない状態で、ばらばらに部品などが置かれている状態の中から、一つを取り出す（ピッキング）作業のことなのですが、この作業を「人間と協働できるゆっくりのスピードで」という設定を考えた場合、試行回数を稼ぐための「仮想空間での高速シミュレーション」には限界があります。

繰り返しになりますが、実際の状況をシミュレーションで完全に再現することは難しいため「ゆっくり」という物理現象にそって実験し、データを積み上げて学習を行わない限り、使える結果を得ることはできないのです。そして実際の速度での実験を数えきれないほど行わなければ学習用データが集まらないため、結果を得るには時間がかかります。

コンピューターの処理速度が速くなり、「アルファ碁」や「ポナンザ」に見られるように、AIの学習のスピードは格段にアップしたのですが、それはAIが時間の概念に縛られないためです。その頭脳を持っているからといって、ロボットがそのスピードで学習できるかというと、それはまた別の問題です。

画像認識や音声認識であれば、AI中心の頭脳で高速学習が可能でしょう。しかし「動きを学習させる」場合には、結局、現実の時間の枠内で動作実験をしたうえで学習しなければならないという縛りができてしまいます。実体が絡んでくると、このような問題が出てきます。純粋にコンピューターの中だけでシミュレーションできるAIとは、時間のスケールが違うのです。

このようにリアルな世界で動かすロボットの学習には、私たち人間と同じように時間の縛りが伴います。

ただし、**この「AIのように、データをすぐに用意できない」というマイナス面は、裏を返せば「他者ではすぐにロボットの学習データを用意できない」というプラス面と捉えることができます。すでにロボットを実際に製造し、運用している日本にとっては、大きなアドバンテージになるのです。**

＊1　YouTubeの動画から無作為に切り出した1000万枚の画像をディープラーニングアルゴリズムで処理をした。画像には、人の顔や猫の顔が写っている場合がある。ディープラーニングでの処理の結果、人の顔や猫の顔などにそれぞれ反応するニューロンができた。猫の顔に反応するニューロンは、猫の顔が含まれている画像を見せると、反応する。このようなニューロンが、無作為に抽出した画像を与えただけで（猫の特徴を教えることもなく）できあがった点がすごいこと。

＊2　ポナンザ　山本一成氏らにより開発されたコンピューター将棋のソフトウェア。

今現在、日本が世界で先を行く技術とは

日本企業は、アナログとデジタルを組み合わせることを得意としています。デジカメもその一例です。デジカメの世界シェアは非常に高く、2011年で8割弱、一眼レフに限定すればほぼ100%のシェアを誇ります。それは光学系というアナログ技術と、デジタル技術

図6-1 世界でシェアの高い企業と技術

アクチュエーター ・サーボモーター	安川電機、三菱電機、 ファナックなど
制御装置 ・CNC装置	ファナック、三菱電機など
センサー ・角度センサー ・加速度センサー ・カメラ ・マイクロホン ・力センサー ・距離センサー ・熱センサー ・タッチセンサー など	村田製作所、日本電産、ソニーなど
減速機	ナブテスコ、ハーモニック・ドライブ・システムズ、住友重機械工業など

を高度に融合させる技術を日本が持っているからです。

ロボティクスは、人も含めた周囲への働きかけ（アナログ的）という意味において、アナログとデジタルを高度に融合させる技術が必要になります。要素部品を自国で製造している日本だからこそ、その特性を把握し、それを最大限に活かしデジタルと融合させる設計や製造が可能なのです。

図6−1にあげる産業用ロボットの要素部品は、日本のシェアが非常に高いものです。これらを融合して実現するロボットは、強みを発揮できる有望分野となります。

安全対策へ乗り出した日本（生活支援ロボット安全検証センター）

ロボットがサービス分野で活躍するために超えなければならないハードルの一つに、安全性の問題があります。この問題へ対応するための準備は、着々と進んでいます。「HAL®」のところでお話ししたように、「生活支援ロボットの安全性」に関する国際規格（ISO13482）の発行には、産総研が草案づくりから関わりましたし、安全性を試験し、認証するための施設として「生活支援ロボット安全検証センター」も、茨城県つくば市に設立されました。これまで、サービスロボットを活用しようとした際に、安全性で行き詰まることが多かったのですが、この施設がその問題を回避するための大きな力になります。

また、インフラの点検や災害時に対応するロボットの実証試験施設「福島ロボットテストフィールド」が福島県に整備（2018年度から順次開所予定）されています。東日本大震災において、日本製のロボットがすぐに使えなかったという反省を生かして、災害救助ロボットなどを常に使えるようにしておく、オペレーターが使い慣れておく環境を作ろうという取り組みの一貫です。

「課題先進国」日本。ニーズがあることが強みとなる

さて、ロボットの普及における日本のアドバンテージとは何かを考えた場合、それは「課題先進国」であるということです。世界のどこよりも早く「少子超高齢社会」を迎える中で、ニーズが具体的に出てくるのが、日本なのです。

このことは政府主導の「ロボット革命実現会議」（2014-2015）の中で強調されています。「ロボット革命実現会議」の中で政府が目標としたのは、簡単にまとめると次の3つのことです。

・自動車、家電、住居などロボットに分類されていなかったものを、センサーやAIを使ってロボット化する

・日常生活でロボットを活用する

・ロボットを活用して、新たな付加価値や利便性を社会に生み出す

注目したいのは、「ロボットを活用して、付加価値を生み出す」というところです。つまり、「ロボットを作って、売る」というビジネスモデルではなく、「ロボットを使ったサービスを

図6−2 変なホテルのロボットたち

フロントの恐竜ロボット（変なホテル 舞浜 東京ベイ）

フロントのヒューマノイドロボット
（変なホテル ハウステンボス）

客室内コミュニケーションロボット「Tapia」
（変なホテル 舞浜 東京ベイ）

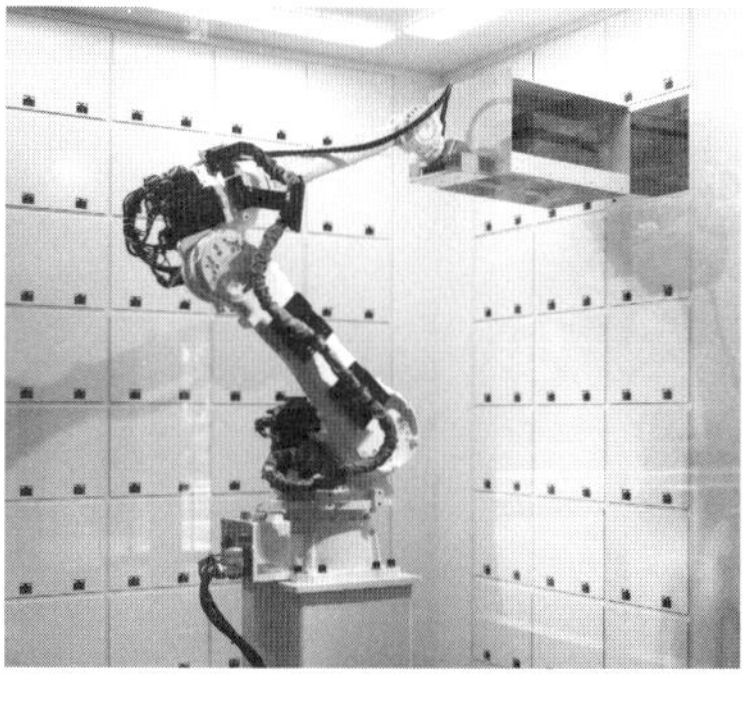

クロークロボット
（変なホテル ハウステンボス）

売る」ということです。

すでにこのような動きは始まっています。「変なホテル」（図6－2）というホテルがありますが、このホテルでは「ロボットと触れ合える体験」を顧客に提供するだけでなく、従業員数を徹底的に減らすなど、人件費削減という面でも成果を挙げているようです。

またある清掃会社では、これまでたくさんの人手をかけて行っていたビルの夜間清掃において、ロボットが担える部分はロボットに任せ、夜間シフトの人員を減らし、清掃サービスの単価を下げるという試みも行われました。

このようにロボットを直接製造する業種以外で、「どのようにロボットを自らの業種に活用していくか」ということを考えていくと、今後のロボットビジネスの広がりが得られることになります。少子高齢化の中で、貴重な人間というリソースをうまく活用するためにも、ロボットを使いこなすことが必要になるはずです。特に、人間ができない（空を飛んでの撮影など）、人間がしたくない（危険な作業、単調な作業、夜間の作業など）分野の仕事を、ロボットに担当してもらうという流れは、このまま進んでいくでしょう。自分たちにはロボットはあまり関係ないな、と思っているような業種こそ、その活用法いかんで思わぬチャンスにつながる可能性があります。また、そのように考えることが、新しいビジネスの創造にもつながるはずです。

オペレーションを重視。実証実験もスタート

また「ロボット革命実現会議」における最終報告書「ロボット新戦略」の中では、「ロボットがある日常をショーケース化する」「データを蓄積、活用するためのルールや国際標準の獲得」「**特定5分野**[*3]におけるアクションプランの策定」が示されました。ロボット新戦略は2020年に向けた中期戦略で、ロボットの市場規模を2014年の6600億円から2020年には2兆4000億円（製造業、非製造業半分半分の比率）に拡大することを目標としています。

この「新戦略」を受けて、新たな試みもすでにスタートしました。羽田、成田などの空港の中で、ロボットを使った実証実験がスタートし、JR東日本でも始まろうとしています。これまでは万博がこのような実証実験の役割を果たしてきました。それが万博という「囲われた環境」の中ではなく、人が利用する駅や空港というパブリックスペースで行われるというのは大きな進歩だと感じています。人と直接関われるまでにロボットの性能が上がっているのはもちろんですが、日本がサービスロボットをビジネス、社会的インフラとして定着させることに本気になっているということの表れでもあります。

また、JRや空港会社など、オペレーションが得意な業種が中心として参加しているということも、見逃せないところです（ただし、現時点では実証実験の場所を提供するのが主な役割で、ロボットのオペレーションをしているわけではない）。第3章でもお話ししたように、鉄道や飛行機と同様、ロボットも手厚いオペレーションを必要とする機械です。

ここで言うオペレーションとは、「技術を用いてサービスを行う」ことです。鉄道会社の場合には、鉄道車両や信号システム、線路設備などの技術を統合的に運用して、輸送というサービスを提供することです。設備の維持の仕方（メンテナンス）も運用技術の中核の一つです。

現状では、いくら性能がいいロボットを作ったとしても、オペレーションの体制が整っていなければ、使いこなすことはできません。今後、オペレーションに強みを持つ業種が、ロボットの分野でも存在感を増すかもしれません。

つまり、ロボットビジネスを発展させるには、鉄道や航空、電力会社といった、技術を運用することによってサービスを提供してきたオペレーションに強みを持つ業種の考え方やノウハウを取り入れることがカギになるのではないかと予想しています。

特定5分野の中では、「介護・医療」、あるいは福祉分野への活用の期待が高いと感じてい

図6－3 介護・医療用ロボット

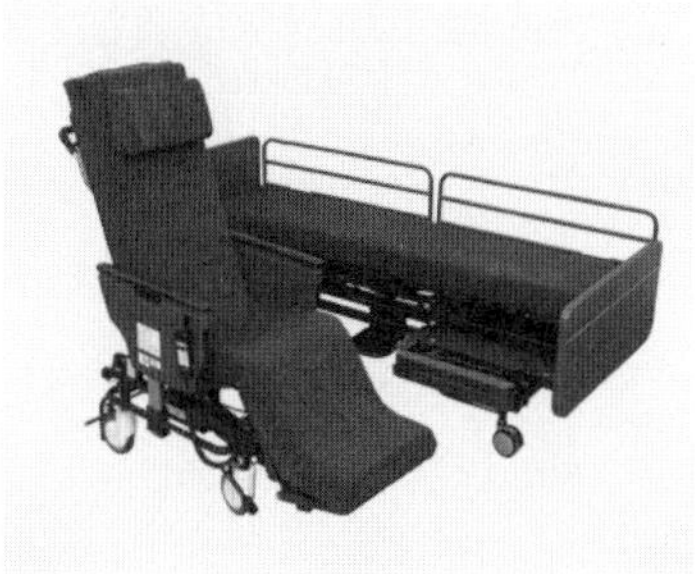

離床アシストロボット リショーネPlus
（パナソニック）
ベットの一部が分離・変形し、車椅子になる
出典：http://sumai.panasonic.jp/agefree/products/resyoneplus/

抗がん薬混合調整ロボット
ChemoRo（ケモロ）（ユヤマ）

出典：http://www.yuyama.co.jp/product/products/robot.html

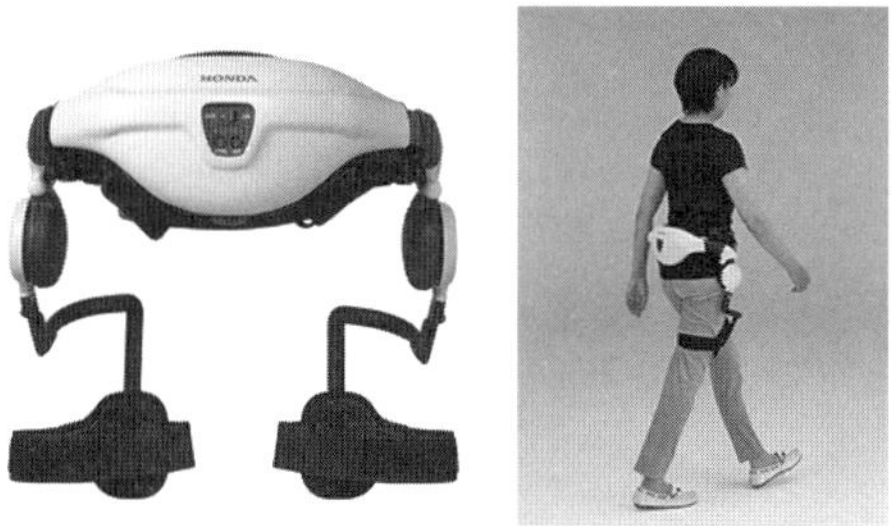

歩行訓練補助ロボット HONDA歩行アシスト（HONDA）
出典：http://www.honda.co.jp/walking-assist/

コミュニケーションロボット パルロ（富士ソフト）
出典：https://palro.jp/

ます。実際、いくつかのロボットがすでに稼働しています。その中には、手術ロボットの「ダ・ヴィンチ」やリハビリロボットの「HAL®医療用（下肢タイプ）」のように「**医療機器**[*4]」として法律で認定されているものもあれば、たんなる医療ロボットとして使われているものもあります。日本では、福祉用具や義肢、車椅子などは医療機器ではないため、ロボティクスを用いたそれらの道具は認定がなくても使うことができます。そういった意味で参入障壁は比較的低いといえるでしょう。また、抗がん薬混合調整ロボット「ChemoRo（ケモロ）」は、人が触れると危険な強い薬を調剤してくれるロボットです。このように、医療と一口にいっても幅広い分野でロボットが使われ始めています（図6-3）。

*3 特定5分野　「ものづくり」「サービス」「介護・医療」「インフラ・災害対応・建設」「農林水産・食品産業」の5つ。
*4 医療機器　（医薬品、医療機器等の品質、有効性及び安全性の確保等に関する法律第2条第4項）人若しくは動物の疾病の診断、治療若しくは予防に使用されること、又は人若しくは動物の身体の構造若しくは機能に影響を及ぼすことが目的とされている機械器具等（再生医療等製品を除く）であって、政令で定めるものをいう。

人体との融合である「サイボーグ化」は次のトレンド

「人がサイボーグ化する」などというと、なにやらものものしく響くものですが、この流れはすでに進んでいます。

図6-4 人体とロボットが融合する！

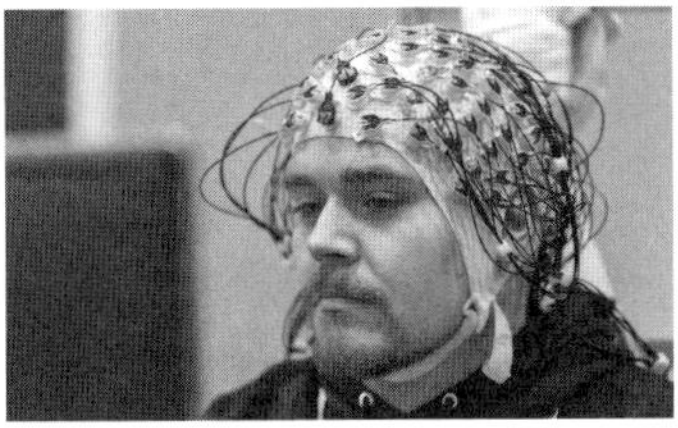

脳波でゲームのキャラクターを動かすブレイン・コンピューター・インターフェース

© Kloten, 08.10.2016 Team Athena-Minerva GER (ETH Zürich / Nicola Pitaro)

パワードスーツであるエクソスケルトン（exoskeleton＝外骨格）
© Kloten, 08.10.2016 Team IHMC USA (ETH Zürich / Nicola Pitaro)

© Kloten, 08.10.2016 Team Meltin MMI JPN (ETH Zürich / Nicola Pitaro)

メルティンMMIの義手

出典：サイバスロン公式サイト http://www.cybathlon.ethz.ch

サイボーグは「人や動物などの生き物と（自動制御された）機械が融合したもの」と定義されており、その意味において、心臓のペースメーカーや人工内耳などは、サイボーグ技術と捉えることができるからです。

「HAL®」は、例えば「足を動かしたい」という脳からの指令を**生体電位信号***5として皮膚を通じて取得し、体の動きをアシストするものですが、生体信号を取得して自然に動く義手も出てきました。次項で詳しくお話しする「サイバスロン」にも出場した電気通信大学ベンチャーの「メルティンMMI」の義手（図6-4左下）も、**筋電信号***6をセンサーで取得し処理して、指を動かします。指は、人間の腱の代わりとなるワイヤーでアクチュエーターとつながれています。また「外骨格（エクソスケルトン)」(図6-4右)も盛んに研究が行われている分野です。人の体の骨格を外から部分的に覆い動かすことで、歩けない人が歩けたり、体の弱った人が動きやすくなったりという機能があります。これもまた体とロボティクスがつながった一例です。

これらのロボットにおいては、環境の認識や意思決定は人が行い、体の物理的な動きの補助をロボットが行うという構図となっています。

脳とロボットを直接つなげる研究の一つには、ブレイン・マシン・インターフェース(BMI Brain-Machine Interface)やブレイン・コンピュータ・インターフェース(BCI Brain-Computer Interface)があります。どちらも脳からの情報をピックアップして、ロボットなどを動かします。BMIは脳の中にデバイスを埋め込む「侵襲型」、BCIは頭に電極のついた帽子のようなものをかぶりそこから信号を取り出す「非侵襲型」です。

私たちが脳で考えていることは、すでにこのような装置で少しずつ取り出せるようになっており、例えば**「進む」「止まる」「ジャンプする」くらいのことであれば、BCIで脳の電気信号を取り出し、パソコンの中のアバターを動かすことができます**(図6-4左上)。

実際にこれが後述するサイバスロンの競技の一つになっています。現在ではこのような単純な動きしか取り出すことはできませんが、技術が進めばもっと複雑なことが「考えるだけで」できるようになるでしょう。「右に曲がれ」と考えるだけで、車椅子が右に曲がるというような未来へのとっかかりとなる技術です。

余談ですが、頭から電気信号を出せるのなら、頭に入力もできるだろうということで、入力型がパーキンソン病に応用されています。強制的にある信号を脳に入れることで、震えを止める各種電気刺激法（深部脳刺激法や運動野刺激法）の活用が行われています。

体とロボット、あるいは脳とロボットをつなげるメリットは、互いに足りない部分を補完し合えるということです。現在のロボティクスの技術では、複雑な環境下でロボットが自律的に判断できることには限りがあります。そのため基本的な判断は人が行い、作業部分はロボティクス技術のアシストを得る、あるいは、簡単な認識は機械が行い、総合的な最終処理を人が行うといったような技術が広く受け入れられるようになってきているのです。

まだまだできることは限られていますが、このような「人とロボットをつなげる」という分野は、これからの進化が期待される技術の一つです。

最後にサイボーク化において生じてくる倫理面の問題をあげておきましょう。倫理面がクローズアップされてくるのは、「生き物と機械のバランス」や「自律性のバランス」が、過度に機械側によった時になります。

このような問題を考えさせる身近なサイボーグの例があります。「ロボローチ」(RoboRoach、Backyard Brains社)です。ゴキブリの神経に電極を差し、そこに信号を流すことで、ゴキブリをスマートホンからコントロールしてラジコンのように動かします。160USD程度で虫とセットで売っているため、わりと簡単に手に入れて使い始めることができます。

現在昆虫に関しては、動物実験に関する倫理面の制約を受けないため、似たような昆虫を使った実験は各地で行われています。この先どのような広がりを見せるのか、注視していく必要があるでしょう。

*5　生体電位信号　例えば人が足を動かそうとすると、その意思により発生する、脳から神経を通って筋肉へと伝わる微弱な電気信号。

*6　筋電信号　筋肉を動かすときに筋肉細胞で発生する電圧信号。

サイボーグ化の一つの形。技術力を競うサイバスロン

倫理面の話に逆行するようではありますが、サイボーグ化がかえって人間というものの素晴らしさを際立たせている現状もあります。その一つが、2016年にスイスで始まったスポーツイベント「サイバスロン」(図6-4、図6-5)です。

サイバスロンのテーマは「人と機械の融合」で、障害者が自分の障害を技術で克服し、アスリートとして競い合う大会です。第1回大会の種目は、「パワード義手」「パワード義足」「パワード車椅子」「エクソスケルトン（外骨格）」「BCI」「FES（機能的電気刺激）[*7]バイク」の6種目でした。競技者は、機器や技術を操る人という意味を込めて「パイロット」と呼ばれ、エンジニアたちとチームを組み、競い合います。

これは、F1をイメージしていただけるとわかりやすいかもしれません。メカを作り上げ調整するエンジニア、それを実際に動かすのがパイロットです。また、F1と同じようにそこで培われた技術が市販の製品に応用されて使われるという道筋も似ています。

ヨーロッパではサイバスロンは大きく取り上げられ、25カ国から66人のパイロットが出場、チケットは完売し、当日は4600人の観客が戦いを見守りました。観客の層は非常に幅広く、パイロットたちの真剣な競技に、会場からは大きな歓声が湧き起こりました。ロボット関連の大会では、とかく「技術」の方に目が向き、スポーツで私たちが感じるような感動はあまりないものですが、サイバスロンでこれだけ人々が感動できたのは、技術よりも「人」の部分がクローズアップされていたからだと思います。あくまで機械は人をサポートする立場にあり、感動の対象となったのは、パイロットと呼ばれるアスリートたちだったからです。

図6－5 注目のスポーツイベント！　サイバスロン

脚に電気刺激を与えてバイクをこぐFESバイク

© Kloten, 08.10.2016 Team Mahidol THA (ETH Zürich / Nicola Pitaro)

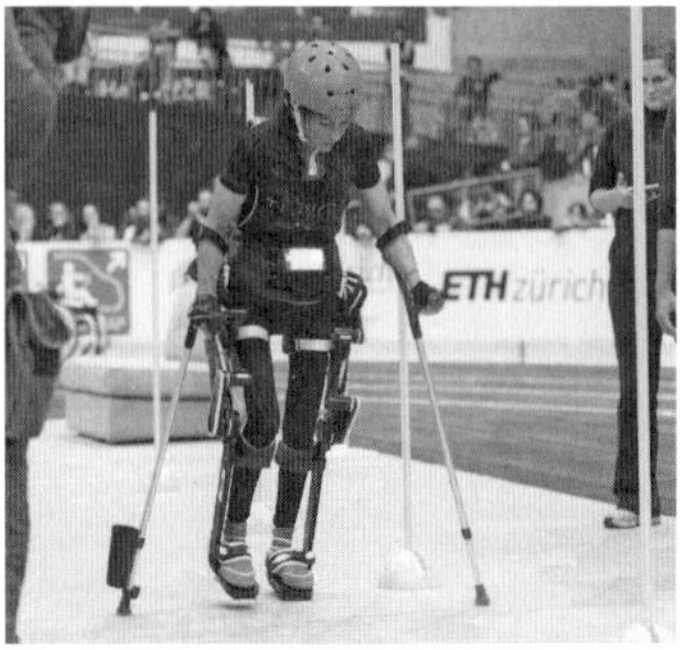

エクソスケルトン（exoskeleton＝外骨格）も注目されている分野

© Kloten, 08.10.2016 eam TWIICE (former PolyWalk) EPFL SUI (ETH Zürich / Nicola Pitaro)

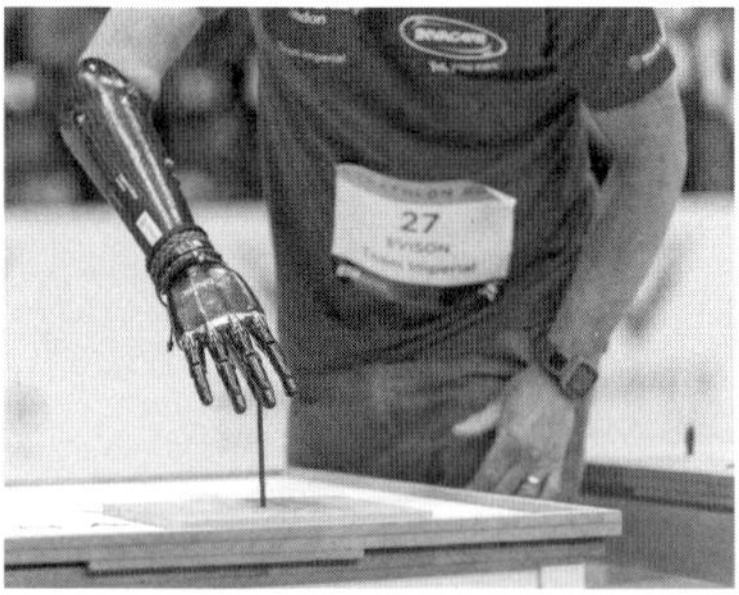

日常の細かい動きがどのくらいスムーズにできるかを競う義手部門

© Kloten, 08.10.2016 Team Imperial GBR ETH Zürich / Nicola Pitaro)

義手につないだ輪を、課題の形通りに、棒に触れないように動かす

© Kloten, 08.10.2016 Team Dipo Power NED (ETH Zürich / Nicola Pitaro)

出典：サイバスロン公式サイト http://www.cybathlon.ethz.ch

それゆえに、ロボットに興味がある人だけでなく、子供や女性も含めたあらゆる年代の人々を巻き込むことができたのだと思います。

私自身はエンジニアとして、パワード車椅子部門に参加しました。レースに使用したのは「RT-Mover PType WA[*8](P-WA)」というロボット車椅子です。パイロットは北京パラリンピック車椅子レースの金メダリストの**伊藤智也氏**[*9]。約40mの**日常生活を念頭においたコース**[*10]を全てクリアし、予選を突破。決勝では4位の成績を収めることができました。

この大会に出場したことは、いろいろと考えるよいきっかけになりました。とかく自分のような技術屋は、技術のことばかりを考えてしまいがちなのですが、そればかりを追っていてもロボットの広がりは限定的なのではないかと感じたからです。多くの人に受け入れられるためには、人が主役になる技術でなければならない。そんなことを深く考えるようになりました。

＊7　FES（機能的電気刺激）　Functional Electrical Stimulation。筋または末梢神経を外部から電気的に刺激して筋肉を動かすことで、動かなかった足などを動かす。

＊8　RT-Mover PType WA（P-WA）　Rough Terrain Mover Personal Mobility Type WA。一人乗り用の不整地移動車両。搭乗部を常に安定に保ったまま段差なども移動できる。（196ページ参照）

＊9　伊藤智也　車いすレーサー、クラスはT52。北京パラリンピックでは400Mと800Mで金メダリスト。ロンドンパラリンピックでは200M、400M、800Mで銀メダリスト。

*10 日常生活シーンでの小回り性能や作業性を確認するタスク（車椅子ごとテーブルにつく、スラローム、ドアの開け閉め）、あるいは、凹凸路面走行、左右に傾いた路面走行、階段走行などの不整地走行能力を確認するタスクの計6シーンが順番に設置された。

義手、義足、車椅子のロボット化で、注目される安心・安全の日本製

この大会で4位となった「P-WA」ですが、ロボティクスという意味での完成度は全体的に高かったものの、その一方で「スピードに対する貪欲さ」に欠けていました。実は「走行スピード」の違いは、「人（パイロット）と技術の関係性」における、日本と外国との考え方の違いを表していたのかもしれません。

日本には「技術は友達、ロボットは友達」という感覚が根底にあります。ですから「P-WA」というロボット車椅子において、大きな振動をパイロットに与えたり、ましてや恐怖心を与えたりするようなことがあってはなりません。そしてパイロットの方も、「P-WA」に委ねるという暗黙の了解がありました。

ところが海外勢のほうは「技術は技術、ロボットも技術」といった、もう少し割り切った感情を持っている気がします。言い換えれば日本は「技術とどう共存するか?」、海外では「技術をどうコントロールするか?」という考え方の違いです。それが「スピードを求めた海

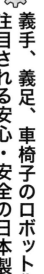

外勢」と「安定性を求めた日本」という対照的な姿になったのかもしれません。

また、このようなロボティクスを反映した義手や義足、車椅子を利用するであろう人々の層も、技術には影響してきます。アメリカでこの手の技術のニーズが高いのは、軍事において怪我を負った現役の若い人々が国家補償で利用する場合という背景があります。アクティブであった人がよりアクティブになるための技術です。

一方、日本において視野に入っているのは高齢者ですから、安全面に目が向くのは当然ともいえます。思想や背景が、このようなロボットの技術にも反映されているのです。

しかし、日本で当たり前とされているこのような安全性の追求は、世界で見ると今後、プラスに働きます。これから高齢社会を迎えるのは、日本だけではありません。隣の中国が猛烈な勢いで私たちに続いています。**世界規模のマーケットをロボティクスの分野で獲得していくために、日本人が当たり前にロボットに求める安全性は強力な武器になることでしょう。**

最後まで自分で移動するために

この本も最後の章まできましたから、私の研究についてここで少しだけお話しさせてください。私の専門は移動ロボットで、現在は階段を含めた段差に対応できる車椅子型の車両を研究しています。車輪で移動するだけでなく、その車輪が「脚」のように動いて段差を登ったり、降りたりします。このような一人乗り車両はPMV（パーソナルモビリティビークル：Personal Mobility Vehicle）とも呼ばれます。サイバスロンに出場した「RT-Mover PType WA（P-WA）」（図6-6）は、出場のためにつくったシリーズ4代目にあたる最新機です。

なぜこのようなロボット車椅子が必要かというと、**歳を取っても最後まで自分で移動できる能力を持ち続けることが重要だと考える**からです。

『未来の年表 人口減少日本でこれから起きること』（河合雅司・著）によれば、2024年には国民の3人に1人が65歳以上になると推計されています。若者が多いと思われている東京においても、2045年には同じ比率に追いつきます。一人暮らしの高齢者の数も飛躍的に増えることになります。年齢のために車の運転をあきらめたり、自転車に乗るのをやめたりする人も増えてくるでしょう。そのような中で、最後まで自分で操作できる安全な移動手段を確保することは、非常に大切です。皆、買い物や病院のために外出しなければなりませんし、家の中に閉じこもっていたくはありません。

ロボティクスの技術を用いて、平らな道でなくても移動できる、難しい操縦をしなくても

図6－6 階段も登れる車「P-WA」

著者が研究している車輪ごと階段を上がれるロボット

走行できるPMVの開発が求められているのはそのためです。バリアフリー化が進んでも、どうしても残る一段のために移動が制限されるのは避けたいところです。「P-WA」がその役割を担うことができるように、開発を進めています。

「P-WA」のことを簡単に説明するなら、これは「歩ける車」です。

歩くためには、人間のような脚があればいいのですが、「道路」という舗装された環境におけるエネルギー効率（燃費）や高速性能、そして安定性を考えると、一番いいのが4輪の車です。しかし、私たちが生活する環境は、段差、傾斜、凸凹、階段など、タイヤで移動することが難しい場所もそれなりにあります。

そのため、車輪を脚のように動かせるようにして、これまでのタイヤ移動では難しい場所も移動できるようにしています。脚と車輪という二つの機能を持ったロボットは「脚車輪型」などと言われます。脚と車輪は移動方式の原理が違うため、この二つを組み合わせることで、原理的に異なった移動能力を合わせもつことができるのです。

「P-WA」は、1車輪ずつ脚のような動作ができるため、段差に対して斜めに上ったり下ったりできることも特徴です。これまでの高い移動能力を持つ電動車椅子は段差に対して正面からの移動しかできなかったため、段差を移動する前に、まず機体の進行方向を合わせることが必要でした。その不自由さを「P-WA」は解消しています。さらに大切なのが、人が座る部分が常に水平を保っていることです。高齢者や体の弱い人であっても、無理な姿勢にならずに、安心して乗り続けることができます。

高機能なPMVがある社会

ここで頭を休めて、このようなPMVのある未来を「想像」してみましょう。

近年の全国道路・街路交通情勢調査によると、自動車の1回の利用実態は「目的地までの距離が10km未満」が7割以上で、乗車人員は「運転者一人」が8割程度だそうです。つまり、買い物などのちょっとした用事で、近場に一人で出かけるために自動車を利用している人がとても多いということです。このようなときに一人乗り用で気軽に使えるＰＭＶが活躍します。

Ｐ‐ＷＡのような段差も移動できるＰＭＶは、家から目的地まで行くのに、人が歩いていく最短ルートを移動することができます。この意味するところは、今までは道路という平面の上だけだった移動を、段差など上下方向も含んだ移動へと拡大できるということです。つまり2次元の移動を3次元の移動に拡大できるようになるのです。

このようなＰＭＶに、自動運転機能（ロボット分野でも、自己位置推定や経路計画、ＳＬＡＭ[*11]というキーワードで長く研究がなされてきました）や各種の認識機能がつくようになるでしょう。出かけるタイミングに合わせてＰＭＶが玄関前に迎えに来て、オーナーを認識してＰＭＶのドアを開けてくれる。あとは、乗り込んで目的地まで運んでもらうことができるようになります。

「このような未来には、そもそも段差は存在しないのではないか？」と思う方もいるかもしれません。しかし、段差や階段は、「狭い空間においてスペースを効率的に使用し、上下方向に移動するため」には欠かせないものです。そのため、人が歩く環境において、全くなくなるということはないでしょう。

他のＰＭＶの活用方法としては、子供の送り迎えもありそうです。例えば小さな子供が習い事をする場合の送り迎えです。自動運転機能、オーナー認識機能、不整地移動能力などを持ち合わせていれば、時間になったらドアツードアで子供を送り迎えしてくれます。今**コネクテッドカー**[*12]として盛んに研究されているネットとの連携機能も備われば、移動している時の状況も遠隔から確認ができて安心です。習い事が終わるまでの時間は、ＰＭＶだけが自動運転で家に戻り、他の家族が使用することもできます。

地方の高齢者の多い地区でも活用できます。例えば通院する病院への送り迎えも、ドアからドアへの移動が求められるものの一つです。情報技術と融合し、各種認識機能を持たせれば、見守り機能も持つＰＭＶとなります。もちろん、運転したければすることも可能です。その際には、保安システムが同時に動いており、危険なときに自動でブレーキがかかるため安心です。

自然災害時にも活用可能です。避難しなければならないときには、自力では避難が困難な方を迎えに行き、安全な場所まで送ります。道路は渋滞して移動できなくなるかもしれませんが、このようなＰＭＶは人が歩く段差があるような場所も移動できるため、多くの方の避難を実現できます。

まだまだ活用できるフィールドは広がります。住宅街では夜間のセキュリティウォッチング、田畑では害獣被害の見回り。ピザのデリバリーや、ドローンでは運べない重量物の配達など。これらは、2次元から3次元に拡大したちょっとした不整地移動能力と、自動運転や各種認識の機能があれば技術的にはもう少しで実現可能です。また、用途に応じてPMVのサイズをカスタマイズすることで、さまざまなサービスロボットの移動部分として組み込み可能なため、多くの需要も見込めます。もちろん、今までの製品よりは、個別対応が必要なことは注意が必要です。

このような未来も描ける大きな可能性を秘めた日本のロボット研究は、学問というだけでなく、ニーズとともにリアルな環境で進めるべき分野です。社会全体がそのような目でロボティクスに価値を置くようになれば、よい循環が始まります。

＊11 SLAM（Simultaneous Localization and Mapping） 移動ロボットが、移動しながら自分がどこにいるのかを推定（自己位置推定）しつつ、それと同時に動いている場所の環境の地図を少しずつ構築する技術のこと。

＊12 コネクテッドカー インターネットへの通信機能を付加した自動車のことであり、移動する情報端末として様々な情報サービスを受けられる。

ロボットに仕事を奪われる未来はくるのか？

「ロボットに仕事を奪われる！」というような論調をよく見かけます。特に若い人へ向けての警鐘の意味で使われているのかもしれませんが、実際にロボットに携わっている私には、まだそのような未来は見えません。

もちろん、現在活躍中の産業用ロボットのように、私たちに変わって大変な仕事をしてくれるロボットたちはこれからも増えていくでしょう。しかし人口が減り続ける日本においては、そのようなロボットの活用なしには経済が回らないところまで来ているはずです。生産性と人というリソースの効果的な活用を考えれば、ある一定の分野において、人間とロボットが置き換わるということはもちろんあります。けれどこれは、**ロボットを活用するということであり、ロボットに仕事を奪われる、という文脈ではありません。**

「ロボットに仕事を奪われる」という話から、人間そっくりの賢いヒューマノイドに自分の仕事が取られてしまうとイメージする人もいるかもしれません。しかし、技術的観点から言えば、(夢がなくて申し訳ないのですが)アトムのように動けるロボットができるのは、残念ながらまだまだ先のことです。

現在のハードウェアには、人間の動きを再現できるほどの性能はありません。人間のように、求められる作業内容に応じて、手足の強弱や動作速度をうまく調整することはできず、動きも決してなめらかとはいえません。まだまだ要素部品と要素技術の発展が必要です。

そして、ＡＩの発展によって目や耳を発達させたロボットが、自律的に動けるようになるのは、まさにこれからです。ディープラーニングのロボットへの応用はまだ始まったばかり。現在は人間の助けなしに周囲の環境を判断して自らの行動を決定するロボットはいないのです。このような自律的なロボットは、私たち研究者が目指すところでもあります。

ロボットの発展を恐れるのではなく、若い研究者の方にはぜひ、このようなハードウェアの性能の向上や、ロボットにおけるＡＩの利用方法に力を入れてもらいたいと思います。ロボットにはまだまだ可能性があります。人間にとって代わるようなロボットを作ることができる未来がくるのは、ずっと先のことです。それよりもロボットをさらに発展させて使いこなすフェーズを目指したいものです。ロボットから私たちが得られるものは、たくさんあるのです。

そういった意味において、ロボットにおける「**シンギュラリティ**[*13]」は心配する必要がなさそうです。ＡＩの発展は時間を超えてこれからも続くでしょう。しかしいくらＡＩが発展しても、「ハードウェアの性能向上」と、「ＡＩとハードウェア（つまりロボットの頭と体）をうまくつなぐこと」ができなければ、ＡＩの性能を活かすことはできません。また、お話ししてきたように、ロボットの学習は「現実の時間」という縛りがついてきます。ですから「時空を超えた発展」が難しいのです。このような意見には、ほっとする人と、もしかするとちょっと残念に感じる人がいるかもしれません。

*13　シンギュラリティ　レイ・カーツワイル氏が提唱。AIが人間を超えて爆発的に進化する「技術的特異点」。

だからこそ人と機械をどうつなげるか

ロボットの知能であるＡＩにも、体であるハードウェアにもそれぞれ限界があるからこそ、それらを人とどのようにつなげて活用するかに視点を移すことが大切です。人だけ、ロボットだけという両極端ではなく、その真ん中です。そして、つなげるというのは、物理的、身体的につなげるだけでなく、精神的につなげることも含みます。

例えば、ものづくりをする人にとって大切な「工具」はただの「もの」ではなく、自分の手の一部のように一体化しています。ロボットを身に着けたときにこの感覚になるとしたら、それはもしかすると、「サイボーグ」と呼べるのかもしれません。ですから私が考える「サイボーグ」というのは、ともすると日本人的かもしれませんが、「機械を自分の体の一部として大切にできる」ということも含んでいます。

「人間」を知るためにロボットを使って研究する例もありますが、その場合の目的は「人の本質を知るため」であり、「道具として機械を使いこなすため」ではありません。ロボットをビジネスにつなげる場合には、後者の目的を意識して、ロボットを人が使いながら使いやすくする研究開発が今以上に必要になるのだと感じています。

その先には、ロボット義手を3本目の腕として活用し、今までは誰かに押さえてもらいながら行っていた作業を一人で行う未来、あるいは、ロボット義足を3本目の足として活用し、山の急傾斜面での移動作業を行う未来などがあるのかもしれません。

繰り返しになりますが、現段階でキーとなるのが、具体的なビジネスプランやニーズによって喚起される研究開発です。ソフトウェアにしろハードウェアにしろ、いろいろな要素はできつつあります。それをどのようにまとめ上げるのか。組み合わせるだけといっても簡単なものではなく、バランスよく組み合わせ、使いやすくするための工夫も必要です。

精神的に人とロボットがつながるための、新しいサイボーグ化としての未来。それは、ビジネス側にとっては「容易に真似されない」ことが必要ですし、研究者側にとっては「新たな研究」を意識できることが大切です。それぞれの動機付けも必要な要素なのです。

機械中心のサイボーグではなく、人間中心のサイボーグへ。私たちが目指す未来は、そこにあると考えています。

ロボットを社会の中で活用するために必要な3つのこと

ロボットを実際に活用していくために必要なことを、最後に改めてまとめておきましょう。

1　オペレーション

現在のロボット、特にサービスロボットのレベルを一言で言うと、初期のパソコンくらいの感じだと思います。どう使ったらよいか一般の人にはピンとこず、少し負荷をかけると動かなくなったり、思っているほどの性能が出なかったりというのは当たり前に起こります。止まったロボットをどうやって元の動作ができるように回復させるのか、面倒を見てあげる必要があります。また、街中で見かけることが多くなったソフトバンクのロボット「Pepper」。同じ「Pepper」でも、数カ国語を喋り、お客さんと写真を撮るなど非常によく働くものがいる一方、触っても動かない、といった個体もあります。これはロボット自体のクオリティーの問題ではなく、いかにうまくオペレーションを行っているかによるものです。

ロボットは、周りの環境とのインタラクションがあります。モールのような場所で、子供たちに触られたり、叩かれたりするような環境で、ベストのパフォーマンスをするためには、相当なメンテナンスも必要です。このメンテナンスが必要という構造は、産業用ロボットと同じです。ソフトウエアとハードウエアが一緒になっているロボットは、物理的な環境の制約を大きく受けるため、それを支える体制が必要です。何か不具合があれば、すぐにサポートの人がやってくるといったようなサービス体制を構築することができれば（例えばコピー機のように）、ロボットの利用はぐっと広がるはずです。

2 インフラ

サービスロボットが広がらない原因の一つに、「使える場所がない」ということもあります。パーソナルモビリティ（ＰＭＶ）も、自転車レーンのような専用レーンがあれば、もっとスムーズに街を移動できるはずです。超高齢社会になりＰＭＶを利用する人が増えるにしたがって、自転車レーンと同じくらい、ＰＭＶレーンが必要となるかもしれません。また、電気自動車の充電ステーションが必要なように、サービスロボット用の充電ステーションが至る所に設置され自由に使えれば、バッテリーの問題が解消され普及しやすくなる可能性もあります。超高齢社会に向かって、これからインフラの整備を進める場合は、その場所でのロボットの活用も視野に入れて考えるということが必要になるでしょう。

道路などの社会的インフラだけでなく、法的インフラの整備も必要になります。車の完全自動運転が可能になる日も、そう遠いことではないかもしれません。しかし自動運転車が事故を起こした際の責任の所在が明らかにならなければ、メーカー側は訴訟を恐れて自動運転車の発売に踏み切ることはできません。自動車保険の問題にも関わることになるでしょう。あるいは「人は道路の右側を歩く」という交通ルールのようなロボット用の社会ルールなども出てきそうです。

3 フィードバック

ロボットビジネスの創出における日本の強みは、日本が「課題先進国」であることです。少子超高齢社会の中で、サービスロボットを求めるフィールドが日本にはあります。しかし、実際に最終消費者が使いこなせるサービスロボットにしていくためには、実はメーカーの努力だけでは限界があるのです。

これからは、ロボットを作る人、ロボットを使う人、ロボットでサービスを受ける人の3つのカテゴリーの人々が、一堂に会してビジネスとして盛り上げるような枠組みをつくっていくことが必要です。「もの＋情報」の構造を持つロボットには、使用者、利用者のデータの蓄積が非常に大切です。これらのデータを収集し活用することで、ロボット使用における新しい価値を生みだすことができるからです。これは大きなアドバンテージとなります。

つくる側主導では、どうしても技術力メインの話となってしまい、「いいものは作ったけど、使う場所と使う人がいない」ということになりかねません。ロボットにできることは何か、それをサービスとして提供するにはどのようなオペレーションが必要か、利用者はどのように使用感をフィードバックしていくか。実際にロボットを使ってみて、その良し悪しをメーカーにフィードバックし、改良を重ねていく。そうすることで本当に日常生活で利用できるロボットになるはずです。このまま物珍しさだけで終わらないためには、そういった仕組みを共有することが必要なのです。

ロボットの未来に期待するもの

ロボットに「何を期待するのか」を具体的に決めることは、これから先のさらなるサービスロボット市場の発展において、非常に重要なこととなります。なぜなら、人々が漠然と抱いているロボットのイメージには「今できないことができる、すごいマシン」という意味合いが含まれていると感じるからです。このような状態だと、なかなか適正な価格はつきにくくいものです。

ロボットができることに対する期待が高ければ、それにつれて支払ってもいいと思える価格も上昇します。そのため初めのうちは多少高くても売れるのですが、現在のロボットには、消費者の「ロボットに対する夢」に応えられるほどの実力はありませんから、購入後には価格と現実のギャップに消費者はがっかりすることになるのです。

例えば家電製品にも多機能で高価格のオープンレンジがある一方、機能を絞った低価格の普及品も存在します。ロボットも全てが「多機能・高価格」である必要はなく、機能を絞り「単機能・低価格」という路線を選び、適正価格を設定することで、市場の広がりを見つけることができるのです。ちょうど「ルンバ」がその良い例となりました。あれもこれもと技術を積み上げるのではなく、思い切って切り捨てるという戦略があることを、覚えておかなければなりません。

産業用ロボットの発展により、ロボットのハードウェアの要素部品はずいぶんと成熟してきました。そしてソフトウェアのオープン化によって、非常に高度なソフトウェアを無料で手にすることができるようになっています。モジュール化の流れは、ソフトウェアだけでなくハードウェアにも及び、まるでブロックを組み立てるようなイメージで、ロボットを作ることができるようになってきました。ロボットへの参入障壁は年々下がっていると感じています。

だからこそ、ロボットをどのように使いこなしていくかが問われます。ロボットシステムは、使えば使うほど、新しい展開が見えてくるものです。まず使い始めることで、次のビジネスにつながるヒントが得られます。サービスロボットには特に、人と接するがゆえの倫理問題がつきものです。そのような問題の解決策を見つけるためには、実際に使ってみるしかありません。使う中で、ロボットの使いこなし方がわかるようになり、人に幸せをもたらす技術とは何かがわかるはずだからです。

ロボティクスは作る技術だけではありません。使いこなす技術でもあるのです。これからはロボットを使う人、ロボットでサービスを受ける人が、ロボットビジネスの中心となる時代です。もしかすると最初の頃は、なかなかうまく導入できなかったり、使いこなせなかったりといったことがあるかもしれません。しかし、そこで諦めずにロボットを使い続けてみてください。ロボットの実際の動きに関するデータが集まれば、それは巡り巡ってみなさんの手元にあるロボットの動きに還元されていきます。そのような取り組みの中で生まれるニーズをもとに、ぜひ産学連携で人に役立つロボットを開発しましょう。

最初の導入に失敗しただけで「やっぱりロボットはだめだ」となってきた今までのロボット導入の歴史を変える日は、すぐそこまで近づいているのです。

おわりに　――ロボットを受け入れる土壌がある日本

ロボットは以前に比べて、簡単に作れるようになりました。

ソフトウェアのオープン化、そしてモジュール化はソフトウェアだけでなく、ハードウェアにも広がってきています。このような流れの中で大切となるのが、「ロボットをいかにオペレーションするか」。この本の冒頭でお話ししたように、産業用ロボットが、発祥の地であるアメリカではなく日本で成功したのは、ロボットメーカーと自動車メーカーが一体となり、フィードバックを行いつつ、オペレーション機能を磨き上げたからでした。

サービスロボットにおいても、同じことが必要です。今度は工場内という閉じた世界でのフィードバックではなく、一般的な消費者、ユーザーから広くフィードバックを得ることが必要です。ロボットビジネスの展開は、そのようなフィードバック機能を備えているかが非常に重要な要素となるはずです。ＡＩの進化はロボットの認識系に結びつき、ロボットの視覚や聴覚の発展に貢献しています。ＡＩの進化に多くのデータが必要なように、消費者からのフィードバックはロボットによるサービスの発展に欠かせない要素です。

言われ尽くした感はありますが、日本人のロボットに対するイメージは非常によく、多くの人はロボットを「自分たちの仲間」ととらえています。鉄腕アトム、ドラえもん、ガンダムなど、描かれてきたロボットは、私たち人間の心強い味方でした。また、日本では山にも川にも木にも、神が宿っていると考え、それぞれの神に感謝する文化があります。人より優れた存在があらゆる所にいても、違和感を感じないのが日本人の特徴の一つです。一方欧米の神は唯一無二であり、人を超えるなんでもできるもの（ロボット）を創ること自体、受け入れるのが難しいと言われています。

このような文化を持つ日本だからこそ、ロボットが一般的な市場で受け入れられる土壌があります。そして課題先進国であるがゆえにロボットへのニーズも見えてきました。ロボットにしてもらいたいことが具体的にわかってきた今だからこそ、世界に先駆けて、日常生活におけるロボットの使い方の研究を行い、そのデータを蓄積し、本当に使いやすく長く使えるロボットを世に出すチャンスなのです。

「夢から現実へ」。ロボットは第二のフェーズに入ろうとしています。そしてこのフェーズを進められるかどうかは、ロボットを利用する私たち一人ひとりにかかっているのです。

この本をまとめるにあたって、15年以上浸ってきたロボットの世界を改めて振り返ることができました。会話に、よい意味で出てくるロボットという単語は、「今現在できないことをできるマシン」という一歩進んだ感がありますが、私には、フルデジタルな機械であるにもかかわらず、ロボットはどこか人間っぽさが残るマシンに思えます。そのようなロボットの世界を、読んでいただく皆さんにわかりやすく伝えるにあたっては、私が持っていない力が大きく必要でした。企画から執筆、校正まできめ細かく関わってくださった黒坂真由子さん、その上で、この本らしさの磨きをかけてくださった編集の木村香代さんに深く御礼申し上げます。

また、若い目線で最後の校正に協力してくれた和歌山大学 中嶋ゼミの鯨井博之君、前田孝次朗君、ありがとうございました。そして、なんといっても本にまとめるだけの知見を地道に充電する環境を作ってくれた家族に感謝いたします。

●参考文献

『ロボット創造学入門』広瀬茂男（岩波書店）

『人工知能は人間を超えるか　ディープラーニングの先にあるもの』松尾豊（KADOKAWA）

『未来の年表　人口減少日本でこれから起きること』河合雅司（講談社）

『国際標準の考え方』田中正躬（東京大学出版会）

『戦後経済史　私たちはどこで間違えたのか』野口悠紀雄（東洋経済新報社）

『制御工学の考え方』木村英紀（講談社）

『キカイはどこまで人の代わりができるか？』井上猛雄（SBクリエイティブ）

『ロボットはなぜ生き物に似てしまうのか』鈴森康一（講談社）

『はじめてのメカトロニクス実践設計』米田完 中嶋秀朗 並木明夫（講談社）

『アクチュエータ工学入門』鈴森康一（講談社）

『ロボティクス　最前線』日経産業新聞 編（日本経済新聞出版社）

『ロボットが日本を救う』岸宣仁（文藝春秋）

『人間と機械のあいだ　心はどこにあるのか』池上高志 石黒浩（講談社）

『ロボットとは何か―人の心を映す鏡』石黒浩（講談社）

『人工知能はどのようにして「名人」を超えたのか？　最強の将棋AIポナンザの開発者が教える機械学習・深層学習・強化学習の本質』山本一成（ダイヤモンド社）

『オートメーション・バカ–先端技術がわたしたちにしていること–』ニコラス・G・カー、篠儀直子 訳（青土社）

『サイボーグ化する動物たち ペットのクローンから昆虫のドローンまで』エミリー・アンテス、西田美緒子 訳（白揚社）

『シンギュラリティは近い［エッセンス版］人類が生命を超越するとき』レイ・カーツワイル、NHK出版 編（NHK出版）

『Raspberry Piで学ぶROSロボット入門』上田隆一（日経BP社）

『データ分析のための機械学習入門』橋本泰一（SBクリエイティブ）

『ヒューマノイドロボット解体新書』春日出版編集部 編（春日出版）

『ロボット解体新書』神崎洋治（SBクリエイティブ）

『絵でわかる人工知能』三宅陽一郎 森川幸人（SBクリエイティブ）

［著者］
中嶋秀朗（なかじま・しゅうろう）
日本ロボット学会理事、和歌山大学システム工学部システム工学科教授。
1973年生まれ。東北大学大学院情報科学研究科応用情報科学専攻修了。2007年より千葉工業大学工学部未来ロボティクス学科准教授（2013-14年、カリフォルニア大学バークレー校　客員研究員）を経て現職。

専門は知能機械学・機械システム（ロボティクス、メカトロニクス）、知能ロボティクス（知能ロボット、応用情報技術論）。
2016年、スイスで第1回が行われた義手、義足などを使ったオリンピックである「サイバスロン2016」に「パワード車いす部門（Powered wheelchair）」で出場、世界4位。

電気学会より第73回電気学術振興賞 進歩賞（2017年）、在日ドイツ商工会議所よりGerman Innovation Award - Gottfried Wagener Prize（2017年）。
共著に『はじめてのメカトロニクス実践設計』（講談社）がある。

ロボット——それは人類の敵か、味方か
——日本復活のカギを握る、ロボティクスのすべて

2018年1月17日　第1刷発行

著　者——中嶋秀朗
発行所——ダイヤモンド社
〒150-8409　東京都渋谷区神宮前6-12-17
http://www.diamond.co.jp/
電話／03･5778･7234（編集）　03･5778･7240（販売）
装丁————竹内雄二
本文デザイン・DTP——大谷昌稔
イラスト——福田武浩（カバー）、坂木浩子：ぽるか（本文）
製作進行——ダイヤモンド・グラフィック社
印刷————信毎書籍印刷（本文）、慶昌堂印刷（カバー）
製本————本間製本
編集協力——黒坂真由子
編集担当——木村香代

ISBN 978-4-478-10365-4